Einstern

Mathematik für Grundschulkinder

4

Themenheft 1

★ Die Zahlen bis 1 000 000

Erarbeitet von Roland Bauer und Jutta Maurach

In Zusammenarbeit mit der
Cornelsen Redaktion Grundschule

Cornelsen

Mathematik für Grundschulkinder
Themenheft 1
Die Zahlen bis 1 000 000

Erarbeitet von:	Roland Bauer, Jutta Maurach
Fachliche Beratung:	Prof'in Dr. Silvia Wessolowski
Fachliche Beratung exekutive Funktionen:	Dr. Sabine Kubesch, INSTITUT BILDUNG plus, im Auftrag des ZNL TransferZentrum für Neurowissenschaften und Lernen, Ulm
Redaktion:	Peter Groß, Agnetha Heidtmann, Uwe Kugenbuch
Illustration:	Yo Rühmer
Umschlaggestaltung:	Cornelia Gründer, agentur corngreen, Leipzig
Layout und technische Umsetzung:	lernsatz.de

fex steht für *Förderung exekutiver Funktionen*. Hierbei werden neueste Erkenntnisse der kognitiven Neurowissenschaft zum spielerischen Training exekutiver Funktionen für die Praxis nutzbar gemacht. **fex** wurde vom **ZNL TransferZentrum für Neurowissenschaften und Lernen** *(www.znl-ulm.de)* an der Universität Ulm gemeinsam mit der **Wehrfritz GmbH** *(www.wehrfritz.com)* ins Leben gerufen. Der Cornelsen Verlag hat in Kooperation mit dem ZNL ein Konzept für die Förderung exekutiver Funktionen im Unterrichtswerk *Einstern* entwickelt.

Bildnachweis
12 (Jahreszahl) Fotolia/introducer, (Kirchturmuhr) Fotolia/fotoping
38 (Wappen) Hoheitszeichen der jeweiligen Bundesländer

www.cornelsen.de

1. Auflage, 1. Druck 2017

Alle Drucke dieser Auflage sind inhaltlich unverändert
und können im Unterricht nebeneinander verwendet werden.

© 2017 Cornelsen Verlag GmbH, Berlin

Das Werk und seine Teile sind urheberrechtlich geschützt.
Jede Nutzung in anderen als den gesetzlich zugelassenen Fällen bedarf
der vorherigen schriftlichen Einwilligung des Verlages.
Hinweis zu den §§ 46, 52a UrhG: Weder das Werk noch seine Teile dürfen ohne eine
solche Einwilligung eingescannt und in ein Netzwerk eingestellt oder sonst öffentlich
zugänglich gemacht werden.
Dies gilt auch für Intranets von Schulen und sonstigen Bildungseinrichtungen.

Druck: Parzeller print & media GmbH & Co. KG, Fulda

ISBN 978-3-06-083698-7
ISBN 978-3-06-081943-0 (E-Book)

PEFC zertifiziert
Dieses Produkt stammt aus nachhaltig
bewirtschafteten Wäldern und kontrollierten
Quellen.
www.pefc.de
PEFC/04-31-1308

Inhaltsverzeichnis

Zahlen bis 10 000

Große Zahlen kennenlernen — Große Zahlen finden und verstehen 5
Zahlen bis 10 000 darstellen — Die Blockstange mit 10 000 Würfeln kennenlernen 6
Große Zahlen bilden und in die Stellentafel eintragen 7
Zu Punktebildern Zahlen finden 8
Die Anzahl von Millimeterquadraten bestimmen 9
Zahlen bis 10 000 bilden und verändern 10
Zahlen unterschiedlich notieren 11
Römische Zahlen kennenlernen 12
Römische Zahlen schreiben und lesen 13
Zahlen am Zahlenstrahl — Zahlen am Zahlenstrahl ablesen 14
Benachbarte Zahlen bestimmen 15
Zahlreihen — Zahlreihen fortsetzen 16
Zahlen bilden, vergleichen und ordnen — Zahlen ordnen und vergleichen 17
Zahlen aus Ziffernkärtchen bilden 18
Informationen entnehmen — Jubiläumszahlen verstehen 19
Diagramme lesen und erstellen 20
Einwohnerzahlen vergleichen 21
Schaubilder auswerten 22

Zahlen bis 1 000 000

Zahlen bis 1 000 000 kennenlernen — Interessante Aussagen zu 1 Million kennenlernen 23
Zahlen bis 1 000 000 darstellen — Den Blockwürfel mit 1 000 000 Würfeln kennenlernen 24
Zahlen bis 100 000 zusammenstellen 25
Zahlen bis 1 000 000 zusammenstellen 26
Zahlen unterschiedlich notieren 27
Zahlen bis 1 000 000 bilden und verändern 28
Altägyptische Zahlen lesen und schreiben 29
Zuschauerzahlen finden und vergleichen 30
Zahlen am Zahlenstrahl — Zahlen bis 100 000 am Zahlenstrahl ablesen 31
Zahlen bis 1 000 000 ablesen und einzeichnen 32
Große Zahlen runden 33
Zahlreihen — Zahlreihen fortsetzen 34
Zahlen bilden, vergleichen und ordnen — Zahlen ordnen und vergleichen 35
Zahlenrätsel lösen 36
Informationen entnehmen — Zuschauerzahlen in Bundesligastadien vergleichen 37
Anzahlen von Grundschulkindern vergleichen 38
Die Einwohnerzahlen der Landeshauptstädte vergleichen 39
Zahlenangaben passend zuordnen 40

Große Zahlen finden und verstehen

 1 Besprich mit einem anderen Kind, was die Zahlenangaben in den Abbildungen bedeuten.

2 Große Zahlen suchen

a) Suche in deiner Umgebung, in Zeitungen, Büchern oder im Internet weitere Abbildungen oder Angaben mit großen Zahlen.

b) Zeichne, schreibe oder klebe Beispiele für große Zahlen in dein Lerntagebuch. Du kannst anschließend auch mit anderen Kindern ein Plakat gestalten.

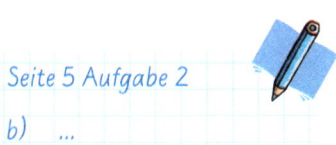

Seite 5 Aufgabe 2

b) ...

★ entnehmen relevante Informationen aus verschiedenen Quellen
★ untersuchen und erläutern verschiedene Zahldarstellungen an Beispielen aus ihrer Umwelt
★ tauschen sich mit anderen Kindern über sachrelevante Informationen aus

Die Blockstange mit 10 000 Würfeln kennenlernen

10 Blöcke sind 10 000.

Und 3 Blöcke sind ...

1 Würfel	1 Stange (10 Würfel)	1 Platte (10 Stangen)	1 Block (10 Platten)	1 Blockstange (10 Blöcke)
1 Einer	1 Zehner	1 Hunderter	1 Tausender	1 Zehntausender

1 Untersuche den Zusammenhang zwischen Platte, Block und Blockstange.

a) Wie viele Stangen und wie viele kleine Würfel hat eine Platte?

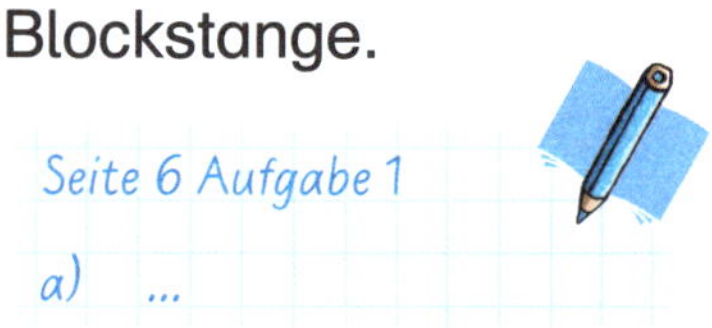

b) Wie viele Platten, wie viele Stangen und wie viele kleine Würfel hat ein Block?

c) Wie viele Blöcke, wie viele Platten, wie viele Stangen und wie viele kleine Würfel hat eine Blockstange?

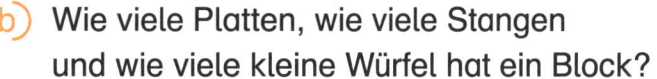
Seite 6 Aufgabe 1
a) ...

2 Was fällt dir bei Aufgabe **1** auf? Sprich mit einem anderen Kind darüber.

3 Lege Zahlen mit Blöcken, Platten, Stangen und Würfeln. Dein Partner nennt die Zahlen. Wechselt die Rollen.

* übertragen bekannte Zahldarstellungen mit strukturiertem Material auf den erweiterten Zahlenraum
* erkennen und nutzen Strukturen bei der Zahlerfassung
* nutzen planvoll und systematisch die Struktur des Zehnersystems und begründen Beziehungen

Große Zahlen bilden und in die Stellentafel eintragen

1 Schreibe für jedes Bild die passende Zerlegungsaufgabe auf.
Trage die dargestellte Zahl in die Stellentafel ein.

a)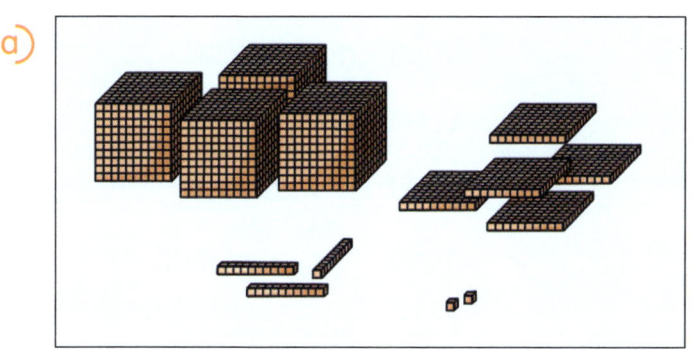

Seite 7 Aufgabe 1
a) 4 0 0 0 + 5 0 0 + 3 0 + 2 = 4 5 3 2

T	H	Z	E
4	5	3	2

b) ...

b) 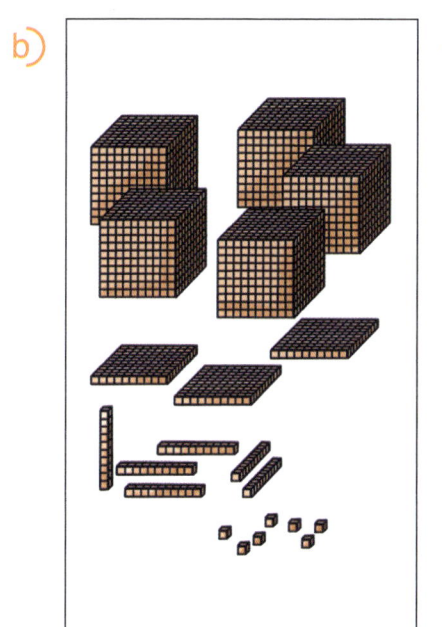   c) 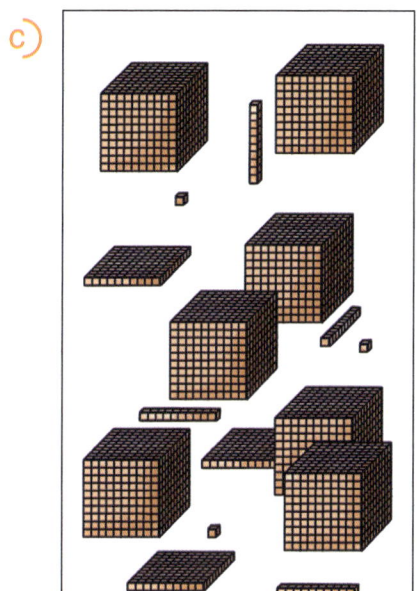   d)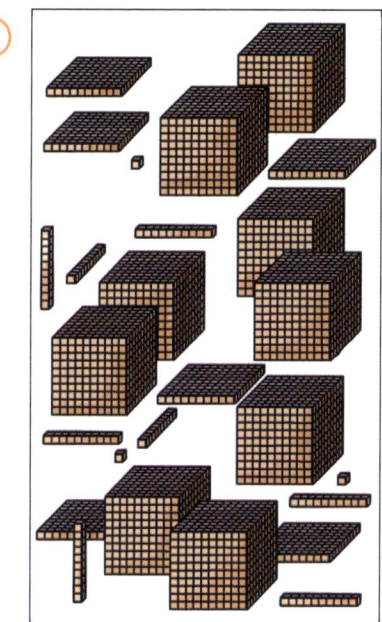

2 Lege und bestimme die Zahlen gemeinsam mit einem anderen Kind.

a) 5T 4H 3Z 7E   b) 8T 5H 4Z 3E
c) 7T 0H 5Z 6E   d) 4T 6H 0Z 7E

e)
T	H	Z	E
6	4	8	7

f)
T	H	Z	E
2	0	1	6

5 Tausender
4 Hunderter 3 Zehner
7 Einer

fünftausendvierhundert-siebenunddreißig

3 Überlegt, bei welcher Darstellung in den Aufgaben ❶ und ❷ ihr die Zahlen jeweils am besten erkennen könnt. Begründet eure Entscheidungen.
Schreibt eure Überlegungen im Lerntagebuch auf.

★ nutzen planvoll und systematisch die Struktur des Zehnersystems
★ zerlegen Zahlen im Zahlenraum bis 10 000 und erläutern dabei Zusammenhänge und Strukturen

Zu Punktebildern Zahlen finden

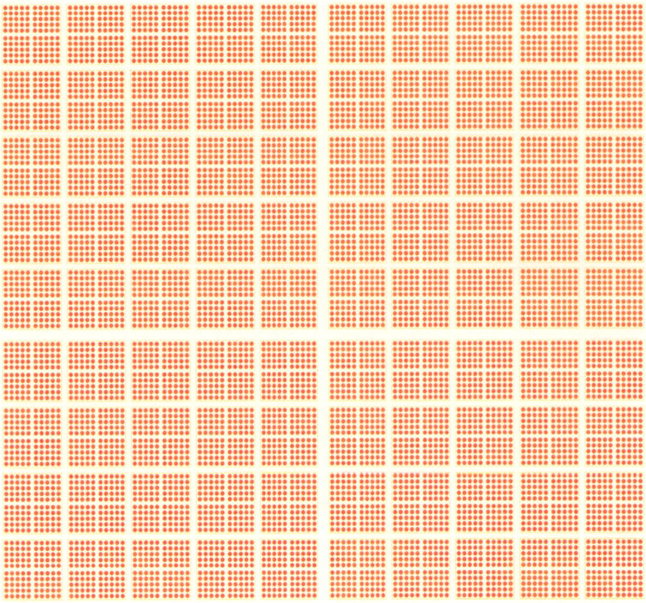

1000 eintausend
2000 zweitausend
3000 dreitausend
4000 viertausend
5000 fünftausend
6000 sechstausend
7000 siebentausend
8000 achttausend
9000 neuntausend

10 000
zehntausend

1 Schreibe die passende Zerlegung auf. Bestimme die Zahl.

a)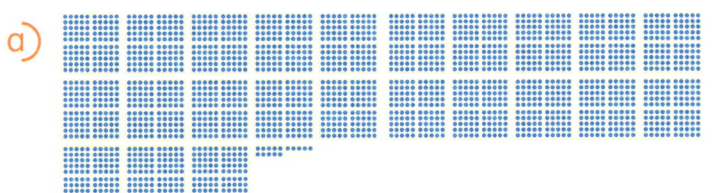

Seite 8 Aufgabe 1
a) 2T 3H 1Z 5E
    2 3 1 5
b) ...

b)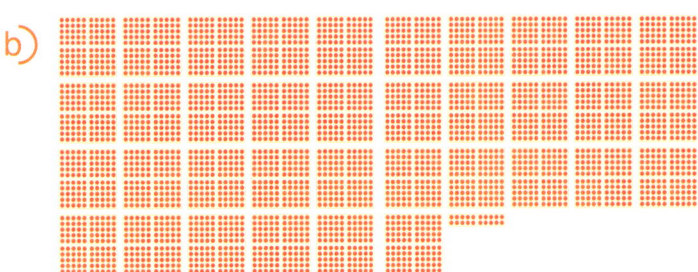

 8ZT 5H
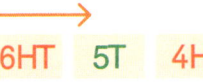 6HT 5T 4H
 9ZT 2T 7H 1Z

605 400
92 710
80 500

* nutzen planvoll und systematisch die Struktur des Zehnersystems
* zerlegen Zahlen im Zahlenraum bis 10 000 und erkennen dabei Zusammenhänge und Strukturen

Die Anzahl von Millimeterquadraten bestimmen

Millimeterpapier wird oft zum genauen Zeichnen verwendet. Es besteht aus vielen kleinen Millimeterquadraten.

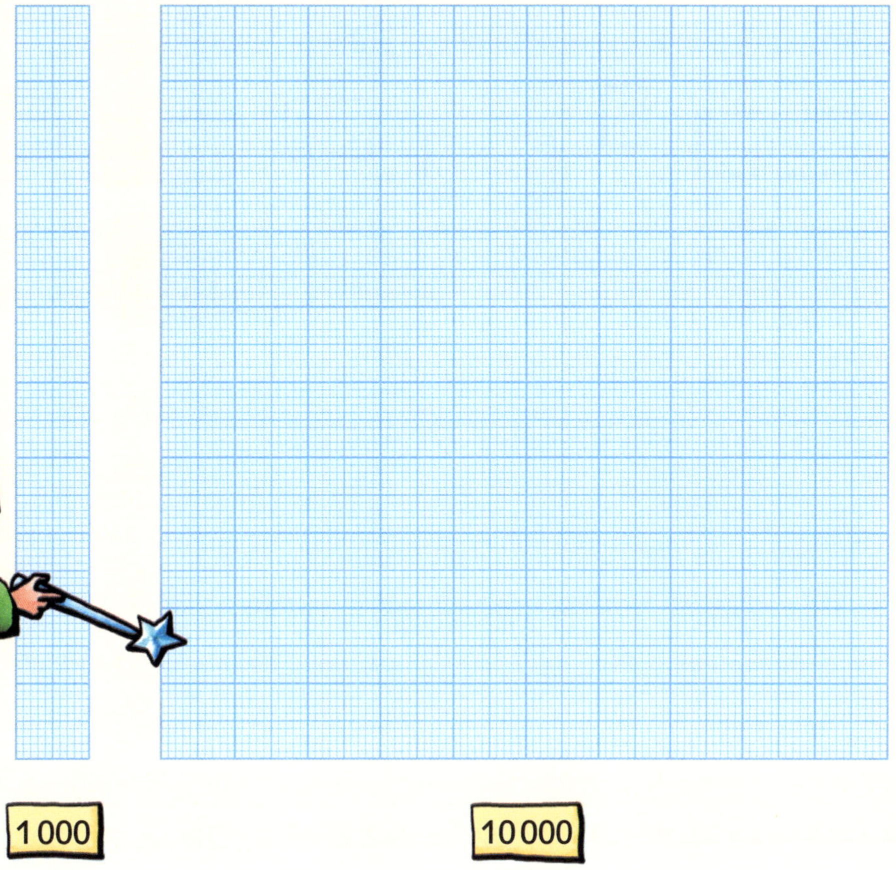

Das sind zehntausend kleine Millimeterquadrate.

| 1 | 10 | 100 | 1 000 | | 10 000 |

1 Schätze, wie viele Millimeterquadrate eingefärbt sind. Lies die Anzahl dann genau ab.

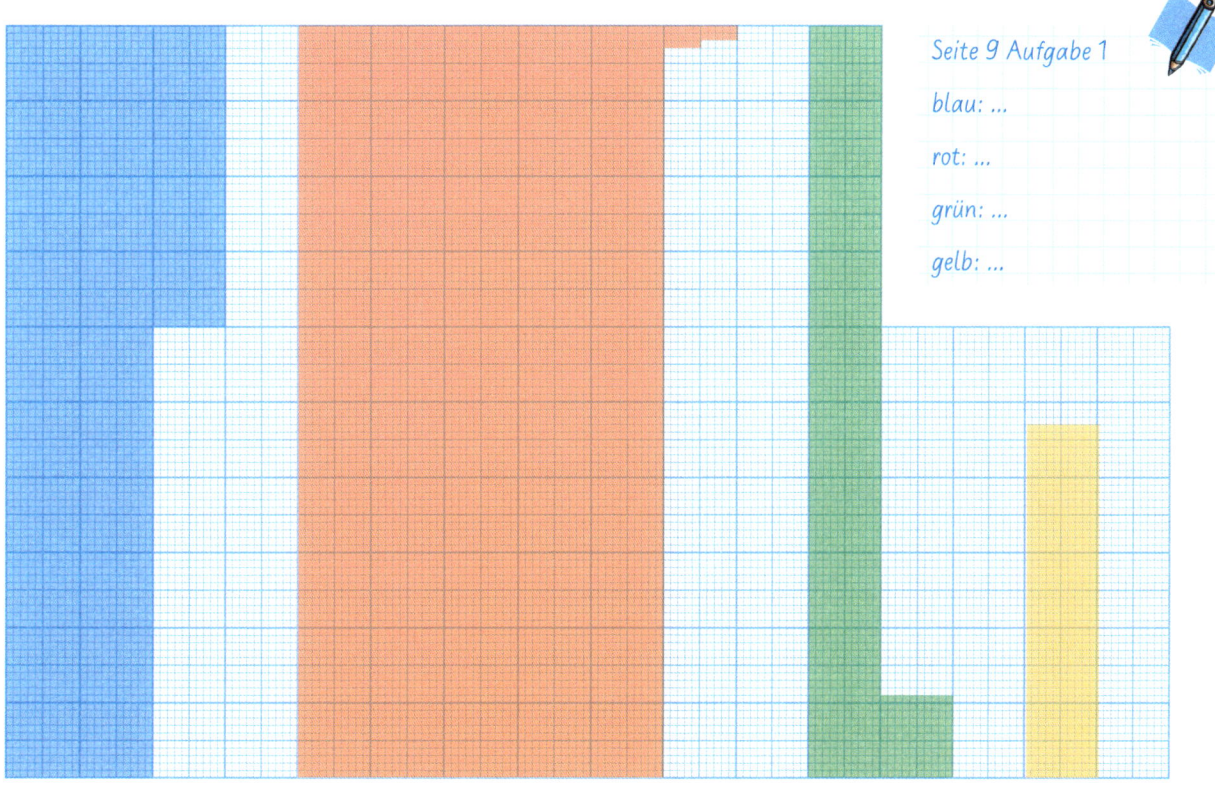

Seite 9 Aufgabe 1

blau: ...

rot: ...

grün: ...

gelb: ...

→ AH Seite 4

★ erkennen und nutzen Strukturen bei der Zahlerfassung

Zahlen bis 10 000 bilden und verändern

1 Setze mit den Karten vierstellige Zahlen zusammen.

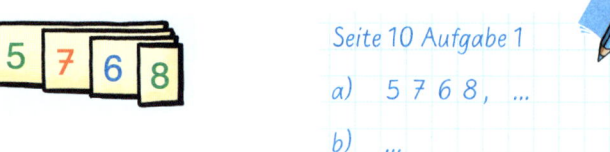

a) fünf verschiedene Zahlen
b) die kleinste Zahl
c) die größte Zahl
d) alle Zahlen, die größer als 5 500 sind

Seite 10 Aufgabe 1
a) 5 7 6 8, …
b) …

2 Schreibe die dargestellten Zahlen im Heft auf.

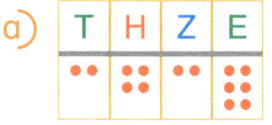  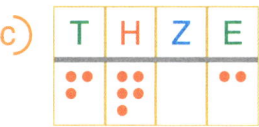

Seite 10 Aufgabe 2
a) …

3 Schreibe auf, welche Zahl jeweils entsteht, wenn du von dieser Stellentafel ausgehst.

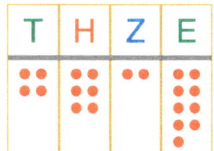

a) Nimm an der Tausenderstelle ein Plättchen weg.
b) Lege an der Hunderterstelle zwei Plättchen dazu.
c) Lege an der Einerstelle ein Plättchen dazu.
d) Lege ein Plättchen von der Hunderterstelle an die Tausenderstelle.
e) Lege ein Plättchen von der Einerstelle an die Hunderterstelle.

Seite 10 Aufgabe 3
a) …

4 Überlege gemeinsam mit einem anderen Kind, wie sich die Zahlen verändern. Begründe deine Aussagen.

a) Wenn ich ein Plättchen von der Zehnerstelle an die Hunderterstelle verschiebe, wird die Zahl …
b) Wenn ich ein Plättchen von der Tausenderstelle auf die Hunderterstelle verschiebe, wird die Zahl …
c) Wenn ich ein Plättchen … Finde selbst weitere Aufgaben.

→ AH Seite 5

Zahlen unterschiedlich notieren

1 Schreibe als Zahlen.
a) sechstausendvierhundertzweiundneunzig
b) dreitausendfünfhundertvierundsiebzig
c) achttausendzweihundertneununddreißig
d) fünftausendvierundsiebzig
e) viertausendundfünf

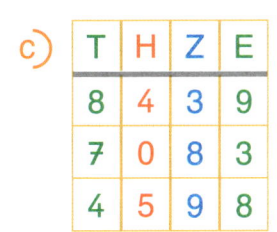

Seite 11 Aufgabe 1
a) 6 4 9 2   b) ...

2 Schreibe als Zahlwörter.
a) 4 325   3 752   1 234   5 406
b) 5T 3H 4Z 7E
   6T 2H 0Z 3E
   2T 0H 5Z 1E

c)
T	H	Z	E
8	4	3	9
7	0	8	3
4	5	9	8

Seite 11 Aufgabe 2
a) viertausenddreihundertfünfundzwanzig
   ⋮
b) ...

3 Diktiere einem anderen Kind folgende Zahlen. Kontrolliert gemeinsam.
a) 39 b) 147 c) 258 d) 1 490 e) 3 621
f) 16 g) 763 h) 508 i) 8 417 k) 9 005

Seite 11 Aufgabe 3
a) 3 9   b) ...

4 Schreibe zu den Zahlen Zerlegungsaufgaben.

a)
T	H	Z	E
3	8	5	4

b)
T	H	Z	E
9	0	4	1

c)
T	H	Z	E
7	6	0	8

d)
T	H	Z	E
8	7	2	0

e) 6 539   f) 9 476   g) 2 003   h) 4 773

Seite 11 Aufgabe 4
a) 3 8 5 4 = 3 0 0 0 + 8 0 0 + 5 0 + 4
b) ...

i) Finde selbst weitere Zahlen und schreibe die Zerlegungsaufgaben dazu.

3HT 4T → 3T 2H 5E → 3HT 8ZT 1T 6H →   304 000
                                        3 205
                                        381 600

→ Ü Seite 1

★ wechseln zwischen verschiedenen Formen der Zahldarstellung
★ übertragen Stellenwertdarstellungen in Zahlen und Zahlwörter

Römische Zahlen kennenlernen

Im alten Rom wurden Zahlen mit Buchstaben dargestellt.

I = 1   C = 100
V = 5   D = 500
X = 10   M = 1 000
L = 50

Ein Zahlzeichen, das rechts neben einem gleichen oder höheren steht, wird addiert.
Ein Zahlzeichen, das links neben einem höheren steht, wird subtrahiert.

XII   =   12 (10 + 1 + 1)

IX   =   9 (10 − 1)

MDLI = 1 551 (1 000 + 500 + 50 + 1)

CMXL =   940 (1 000 − 100 + 50 − 10)

1 Schreibe gleiche Zahlen paarweise auf.

Seite 12 Aufgabe 1
X C V I = 9 6

2 Schreibe die römischen Zahlen mit unseren Zahlzeichen.

a) IV, VIII, IX, XV, XIX, XXII, XXXIV

b) LXXV, LXXI, LXXXVIII, LXXIV, XLII, LVII

c) CCX, CXVII, CXC, CCXLV, CCCX, CCLXXXV

d) DCCVI, DXXXIX, DCCLVI, CDXLV, CDXXIV, CDLIX

e) MDCXXX, MCDXIII, MMCCXLIV, MMDCCLXVII, MDCC

Seite 12 Aufgabe 2
a) 4 , 8 , …
b) …

* erkennen die Struktur und die Notationsformen römischer Zahlen
* übertragen eine Zahldarstellung in eine andere

Römische Zahlen schreiben und lesen

> Die Zeichen I, X, C, M kommen in der Regel höchstens dreimal hintereinander vor.

1 Schreibe die Zahlen mit römischen Zahlzeichen.

a) die einstelligen Zahlen von 1 bis 9
b) die Zehnerzahlen von 10 bis 100
c) die Hunderterzahlen von 100 bis 1 000
d) 35, 21, 78, 17, 53, 44, 99, 96
e) 167, 759, 214, 338, 680, 849, 604, 999
f) 1 675, 3 002, 2 510, 1 998, 2 438
g) Welche ist die größte Zahl, die du mit den Zahlzeichen auf den Seiten 12 und 13 darstellen kannst?

Seite 13 Aufgabe 1
a) I, II, ...
b) ...

2 Finde die Fehler.
Schreibe die Zahlen richtig auf und übertrage sie in unsere Schreibweise.
Besprich deine Überlegungen mit einem anderen Kind.

a) XVIIII   b) XXXXIII   c) IIX   d) XXLII
e) MDCCCC   f) LLX   g) DDC   h) DMM

Seite 13 Aufgabe 2
a) XIX = 19
b) ...

* übertragen eine Zahldarstellung in eine andere
* überprüfen Darstellungen römischer Zahlen auf ihre Angemessenheit, finden und korrigieren Fehler
* wenden ihre mathematischen Kenntnisse, Fähigkeiten und Fertigkeiten bei der Bearbeitung unbekannter Aufgaben an

Zahlen am Zahlenstrahl ablesen

1 Auf welche Zahlen zeigen die Pfeile?

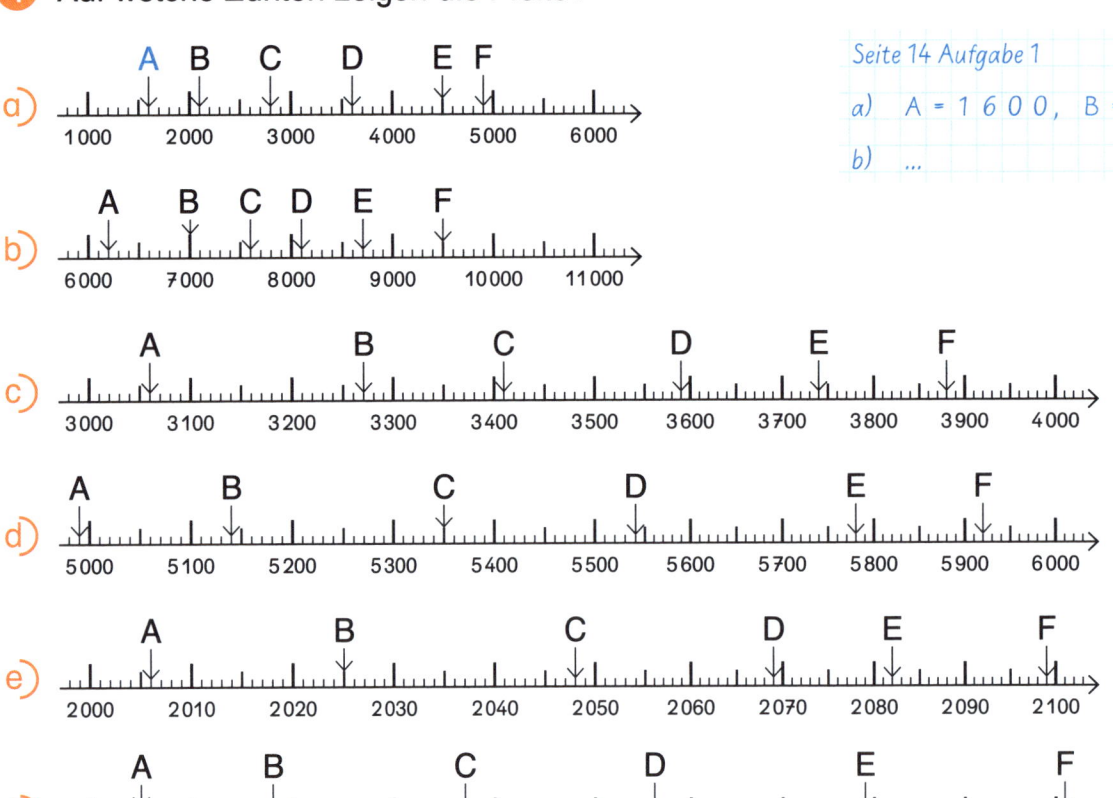

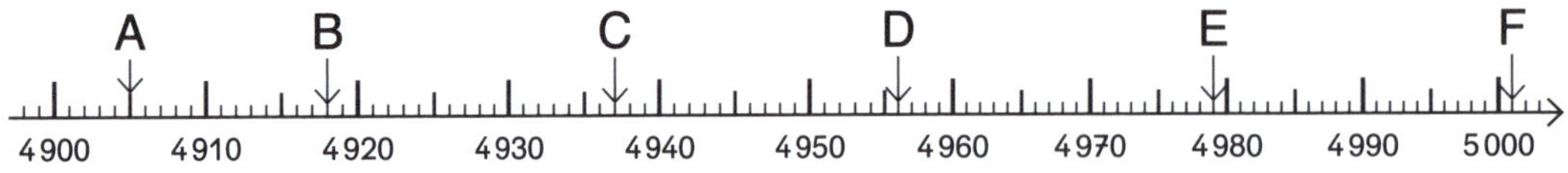

Seite 14 Aufgabe 1
a) A = 1 6 0 0, B = …
b) …

2 Suche dir ein Partnerkind. Gestaltet einen eigenen Zahlenstrahl, bei dem die Tausender, Hunderter oder auch Zehner dargestellt sind. Ein Kind zeigt eine Zahl, das andere nennt die Zahl. Wechselt euch dabei ab.
Ihr könnt auch die Zahlenstrahlausschnitte von Aufgabe **1** verwenden.

| 5ZT 7H | 1ZT 3T 8H | 3ZT 7T 5H 1E | 50 700 / 37 501 / 13 800 |

* übertragen bekannte Strukturen und Anordnungen des Zahlenstrahls auf den Zahlenraum bis 10 000
* bearbeiten Aufgaben gemeinsam

→ AH Seite 6
→ Ü Seite 2

Benachbarte Zahlen bestimmen

1 Schreibe die fehlenden Zahlen auf.

a) Nachbarzahlen

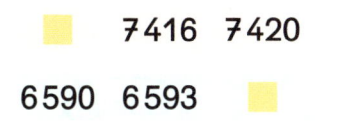

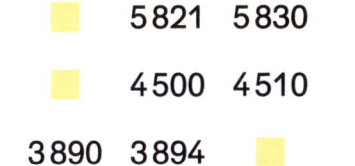

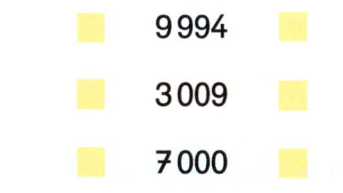

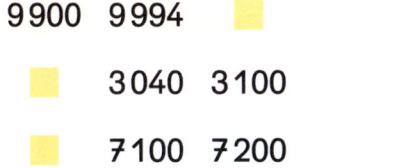

☐	7890	7891		3739	3740	☐
6690	6691	☐		5998	☐	6000
4899	☐	4901		☐	7001	7002

Seite 15 Aufgabe 1
a) 7 8 8 9, …
b) …

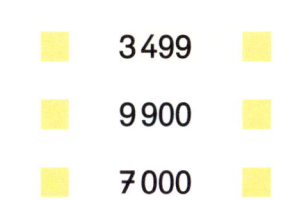

b) Nachbarzehner

☐	7416	7420		☐	5821	5830		☐	9994	☐
6590	6593	☐		☐	4500	4510			3009	☐
☐	2807	2810		3890	3894	☐		☐	7000	

c) Nachbarhunderter

9900	9994	☐		☐	6920	☐		☐	3499	
☐	3040	3100			8870	☐			9900	☐
☐	7100	7200			5100	☐		☐	7000	☐

2 Schreibe die passenden Zahlen auf.

a) Nachbarhunderter von
4583, 7603, 8247, 9000, 5900

b) Nachbarzehner von
3112, 4944, 5940, 6600, 3000

c) Vorgänger und Nachfolger von
4915, 4973, 2100, 5000, 2010

Seite 15 Aufgabe 2
a) 4 5 0 0, 4 5 8 3, 4 6 0 0
  ⋮
b) …

3 Finde mindestens vier Zahlen, bei denen …

a) … ein Nachbarzehner und ein Nachbarhunderter gleich sind.

b) … ein Nachbarhunderter und ein Nachbartausender gleich sind.

c) Vergleiche deine Ergebnisse mit denen eines anderen Kindes.

Seite 15 Aufgabe 3
…

→ 8HT 2T   → 3ZT 4H 2E   → 9ZT 6T 3H 2Z   30 402 96 320 802 000

★ orientieren sich im Zahlenraum bis 10 000
★ beschreiben und begründen Beziehungen

Zahlreihen fortsetzen

1 Setze die Zahlreihen fort.

a) 1 000, 2 000, 3 000, …, 10 000
b) 10 000, 9 000, 8 000, …, 1 000
c) 9 800, 8 800, 7 800, …, 1 800
d) 500, 1 000, 1 500, …, 6 000
e) 9 500, 9 000, 8 500, …, 4 000
f) 7 300, 7 200, 7 100, …, 6 500

Seite 16 Aufgabe 1
a) 1 0 0 0, 2 0 0 0, 3 0 0 0, 4 0 0 0, …
b) …

 2 Suche dir ein anderes Kind.
Zählt in den angegebenen Schritten.
Wechselt euch beim Sprechen ab.

a) in Zehnerschritten
von 5 970 bis 6 040
von … bis …

b) in Zehnerschritten
von 6 540 bis 6 490
von … bis …

c) in Zwanzigerschritten
von 8 220 bis 8 440
von … bis …

d) in Fünfzigerschritten
von 3 750 bis 5 250
von … bis …

3 Übertrage die Ausschnitte in dein Heft. Wähle jeweils 3 beliebige Zahlen und zeichne ihre ungefähre Lage ein.

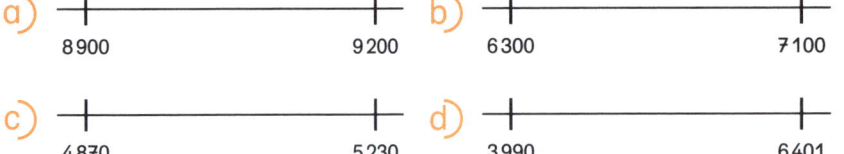

a) 8 900 — 9 200
b) 6 300 — 7 100
c) 4 870 — 5 230
d) 3 990 — 6 401

Seite 16 Aufgabe 3
a) …

4 Bestimme die Zahl, die genau in der Mitte zwischen den beiden Zahlen liegt.

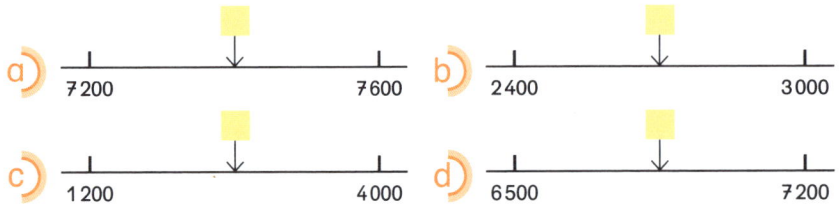

a) 7 200 — 7 600
b) 2 400 — 3 000
c) 1 200 — 4 000
d) 6 500 — 7 200

Seite 16 Aufgabe 4
a) …

 5 Vergleiche deine Vorgehensweise bei den Aufgaben **3** und **4** mit der eines anderen Kindes.

★ erkennen Strukturen von Reihen und setzen diese fort
★ orientieren sich im Zahlenraum bis 10 000 durch flexibles Zählen
★ ordnen und vergleichen Zahlen

→ AH Seiten 7 und 8
→ Ü Seite 3

Zahlen ordnen und vergleichen

1 Bilde aus den Ziffernkärtchen möglichst viele vierstellige Zahlen und schreibe sie in eine Stellentafel.

a) Umkreise oder ergänze die größtmögliche Zahl rot.
b) Umkreise oder ergänze die kleinstmögliche Zahl blau.

Seite 17 Aufgabe 1

T	H	Z	E
…			
…			

2 Ordne die Zahlen der Größe nach.
Beginne zuerst mit der kleinsten Zahl und danach mit der größten Zahl.
Vergleiche deine Ergebnisse mit denen eines anderen Kindes.

| 9 998 | 7 506 | 6 876 |
| 9 901 | 8 978 | 6 905 |

Seite 17 Aufgabe 2

… < …

… > …

3 Setze die Zeichen < und > passend ein.

a) 3 400 ● 6 400   b) 4 500 ● 5 400   c) 3 240 ● 3 480
   6 500 ● 2 500   7 800 ● 3 500   5 260 ● 5 650

d) 5 748 ● 5 742   e) 5 748 ● 6 479   f) 9 999 ● 9 995
   6 457 ● 6 451   2 879 ● 3 010   6 457 ● 5 674

Seite 17 Aufgabe 3

a)   3 4 0 0 < 6 4 0 0

b)   …

4 Suche dir ein anderes Kind.
Stellt euch gegenseitig Zahlenrätsel und löst sie.

Meine Zahl liegt zwischen 4 000 und 5 000 und hat drei gleiche Ziffern.

Notiere in deinem Lerntagebuch das Zahlenrätsel, das du besonders interessant findest.

→ Ü Seite 4

★ ordnen und vergleichen Zahlen
★ erfinden eigene Zahlenrätsel unter Verwendung der Fachsprache
★ verknüpfen beim Lösen von Zahlenrätseln verschiedene Informationen

Zahlen aus Ziffernkärtchen bilden

1 Bilde mit diesen Ziffernkärtchen Zahlen und schreibe sie auf.

a) alle Zahlen zwischen 10 und 100
b) alle Zahlen zwischen 100 und 1 000
c) mindestens 10 Zahlen zwischen 1 000 und 10 000
d) die größtmögliche vierstellige Zahl
e) die kleinstmögliche vierstellige Zahl
f) Vergleiche deine Vorgehensweise mit der eines anderen Kindes.

Seite 18 Aufgabe 1
a) ...

2 Du hast nun diese Ziffernkärtchen:

a) Überlege zusammen mit einem anderen Kind, ob du damit genauso viele verschiedene Zahlen bilden kannst wie in Aufgabe ❶. Begründet eure Antwort.
b) Findet eigene Aufgaben und stellt sie euch gegenseitig.

3 Lest am Baumdiagramm ab, welche vierstelligen Zahlen mit den Ziffern 3 5 7 9 gebildet werden können.
Wie viele verschiedene sind es?

3 579, ...

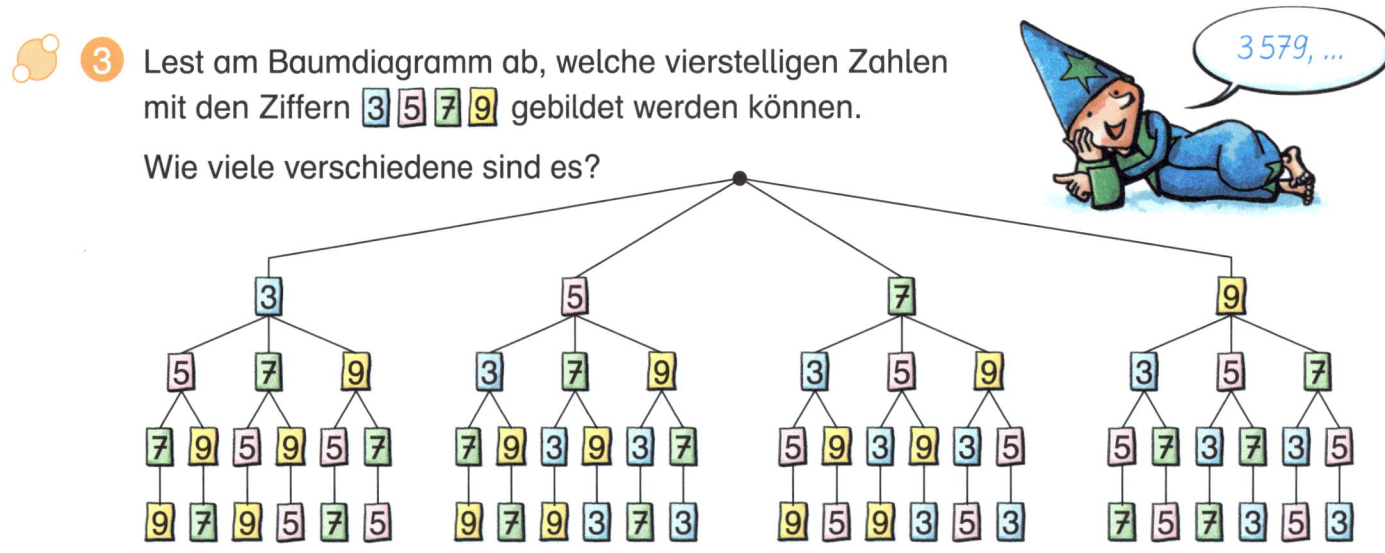

4 Erstelle selbst ein Baumdiagramm, um alle möglichen dreistelligen Zahlen mit den Ziffern 1 2 3 zu finden. Jede Ziffer darf nur einmal verwendet werden.

Seite 18 Aufgabe 4
...

* nutzen planvoll und systematisch die Struktur des Zehnersystems und begründen Beziehungen zwischen Zahlen
* wenden ihre mathematischen Kenntnisse, Fähigkeiten und Fertigkeiten bei der Bearbeitung herausfordernder Aufgaben an
* bestimmen die Anzahl der verschiedenen Möglichkeiten bei einfachen kombinatorischen Aufgabenstellungen

Jubiläumszahlen verstehen

(Schilder mit Jubiläumsangaben:)

- 500 Jahre Reformation – Thesenanschlag von Martin Luther – 31. Oktober 2017
- 1299 erhielt die Stadt Meersburg am Bodensee die Stadtrechte.
- 13. Dezember 2016 200. Geburtstag von Werner von Siemens
- Erste Nähmaschine 1830
- Universität Heidelberg – Die älteste Universität Deutschlands wurde 1386 gegründet.
- Der Grenzwall Limes entstand um 200.
- Gründung des Klosters Andechs im Jahr 1392
- Jubiläum zum 525. Geburtstag von Adam Ries 2017
- 25-Jahr-Feier der Universität Potsdam 2016
- Erste Ozeandampferfahrt 1819
- 1004 wurde der Grundstein für den Bamberger Dom gelegt.
- 21.4.2016 – 200 Jahre Uni-Klinikum Erlangen
- Erste Mondlandung 1969
- 775-Jahr-Feier Hannover 2016
- 1876 baute Nikolaus Otto den ersten Viertaktmotor.
- 2015 – 180 Jahre deutsche Eisenbahn
- Frankfurt wurde 794 erstmals erwähnt.

① Suche dir ein Partnerkind. Findet jeweils heraus, wann die ursprünglichen Ereignisse stattgefunden haben oder wie lange sie zurückliegen.

② Die Schilder informieren über Ereignisse zu ganz unterschiedlichen Zeiten. Ordne die Jahreszahlen der ursprünglichen Ereignisse in der richtigen Reihenfolge und schreibe sie in dein Heft.

Seite 19 Aufgabe 2

③ Du kannst mit anderen Kindern ein Plakat gestalten. Sucht in Zeitungen, Zeitschriften oder im Internet Angaben mit Jubiläumszahlen.

* entnehmen relevante Informationen aus verschiedenen Quellen
* finden mathematische Lösungen zu Sachsituationen

Diagramme lesen und erstellen

1 Im Säulendiagramm findest du Angaben zu den tiefsten Stellen einiger Meere und Ozeane. Lies die ungefähren Werte ab.

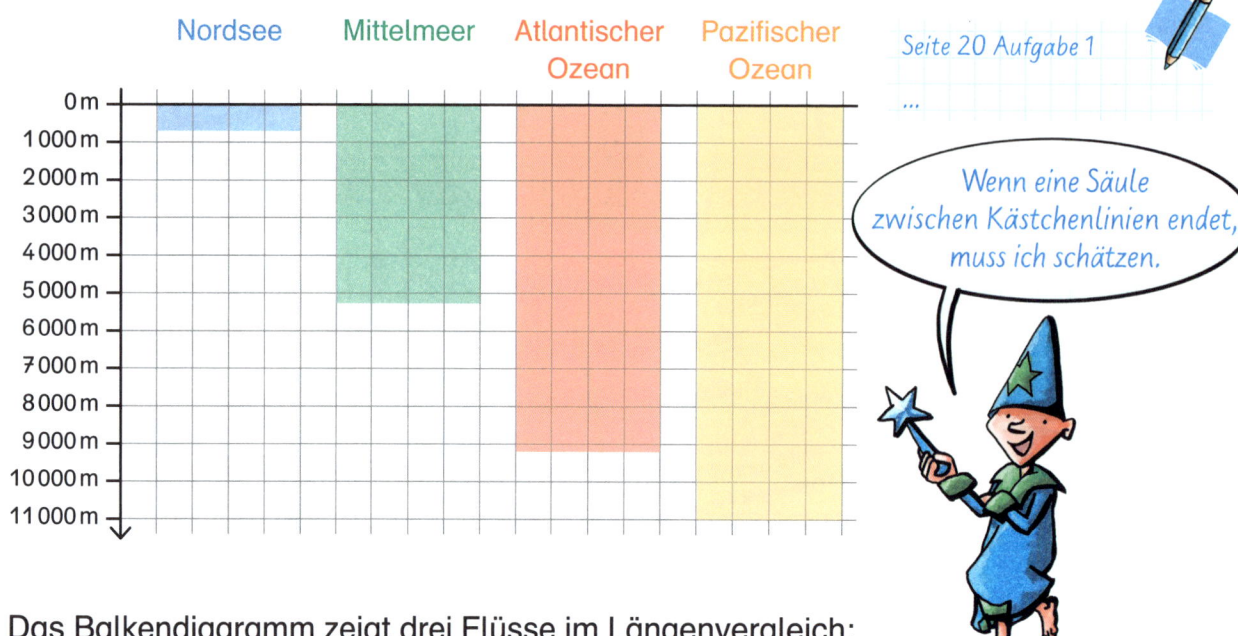

Seite 20 Aufgabe 1
...

Wenn eine Säule zwischen Kästchenlinien endet, muss ich schätzen.

2 Das Balkendiagramm zeigt drei Flüsse im Längenvergleich:
Nil (Afrika), Wolga (Europa) und Rhein (Europa).

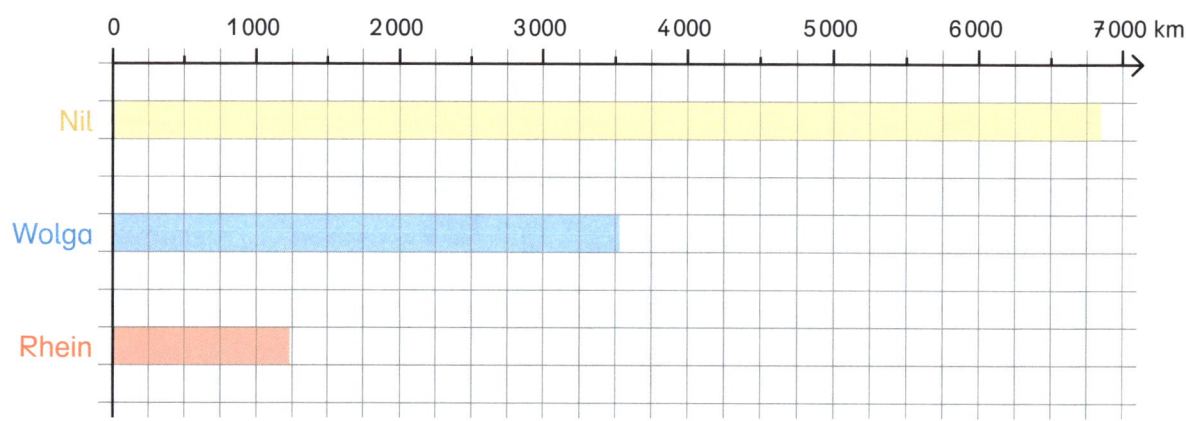

a) Lies ab, wie lang die drei Flüsse ungefähr sind.
b) Übertrage das Balkendiagramm in dein Heft.
c) Ergänze im Diagramm diese Flüsse:

Elbe (Europa) 1 200 km; Donau (Europa) 2 900 km; Kongo (Afrika) 4 400 km
Amazonas (Südamerika) 6 400 km
Missouri-Mississippi (Nordamerika) 6 100 km

d) Suche diese Flüsse auf einer Weltkarte, in einem Atlas oder im Internet.

Seite 20 Aufgabe 2
a) ... : ... km, ...
b) ...

→ 5HT   8H   → 7ZT   3T   6E   → 4HT   3T   2H   1Z   73 006
                                                                      403 210
                                                                      500 800

---

* entnehmen einem Säulen- und einem Balkendiagramm Daten
* übertragen vorgegebene Daten in ein Diagramm
* nutzen Medien für die zielgerichtete Informationsbeschaffung

Einwohnerzahlen vergleichen

 1 Die Stadt Weil der Stadt in Baden-Württemberg besteht aus den fünf Teilorten Weil der Stadt, Merklingen, Münklingen, Hausen und Schafhausen.
Die Einwohnerzahlen sind in diesem Diagramm dargestellt.

Suche dir ein Partnerkind. Lest die ungefähren Einwohnerzahlen ab. Findet dann gemeinsam mindestens sechs Fragen und Antworten zum Säulendiagramm.

Beispiele:
Welcher Teilort hat die meisten Einwohner?
Wie viele Einwohner haben Hausen und Münklingen zusammen?

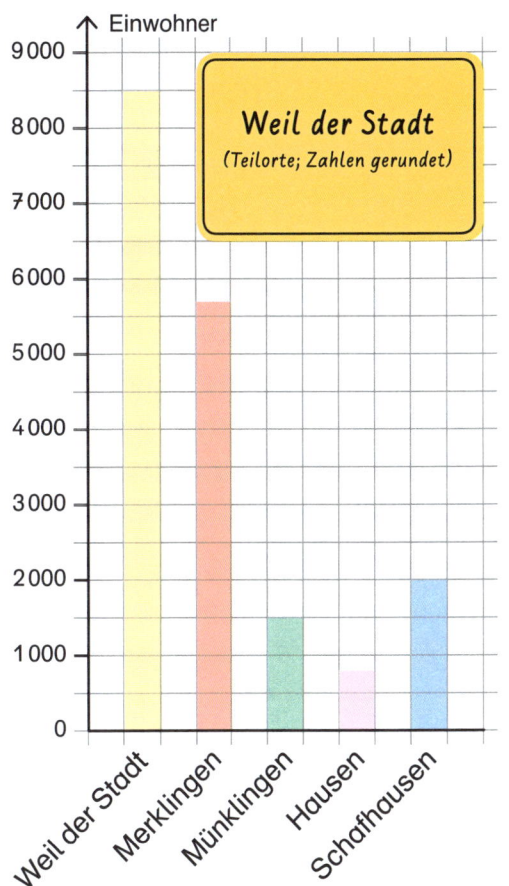

2 Dasing besteht aus den fünf Teilorten
Adelzhausen (1 600 Einwohner),
Dasing (5 400 Einwohner),
Eurasburg (1 700 Einwohner),
Obergrießbach (2 000 Einwohner),
und Sielenbach (1 600 Einwohner).

a) Stelle die Einwohnerzahlen Dasings in einem Diagramm dar. Zeichne für jeweils 100 Einwohner 1 mm.

b) Berechne die Unterschiede zwischen den Einwohnerzahlen der Teilorte.

c) Berechne die Gesamteinwohnerzahl Dasings.

 d) Suche dir ein Partnerkind. Vergleicht gemeinsam die Einwohnerzahlen der Teilorte Dasings miteinander. Schreibt einige eurer Vergleiche auf.

Beispiele: Sielenbach hat 400 Einwohner weniger als Obergrießbach.
Dasing hat mehr Einwohner als Eurasburg, Adelzhausen und Sielenbach zusammen.

Seite 21 Aufgabe 2

a) ...

∗ entnehmen und vergleichen Daten und stellen Daten in Diagrammen dar
∗ erschließen und berechnen Daten, die im Diagramm nicht direkt ablesbar sind

Schaubilder auswerten

1 In eine Großstadt fahren jeden Tag viele Autos. Hier siehst du die Ergebnisse einer Verkehrszählung, die in einem Schaubild dargestellt sind.

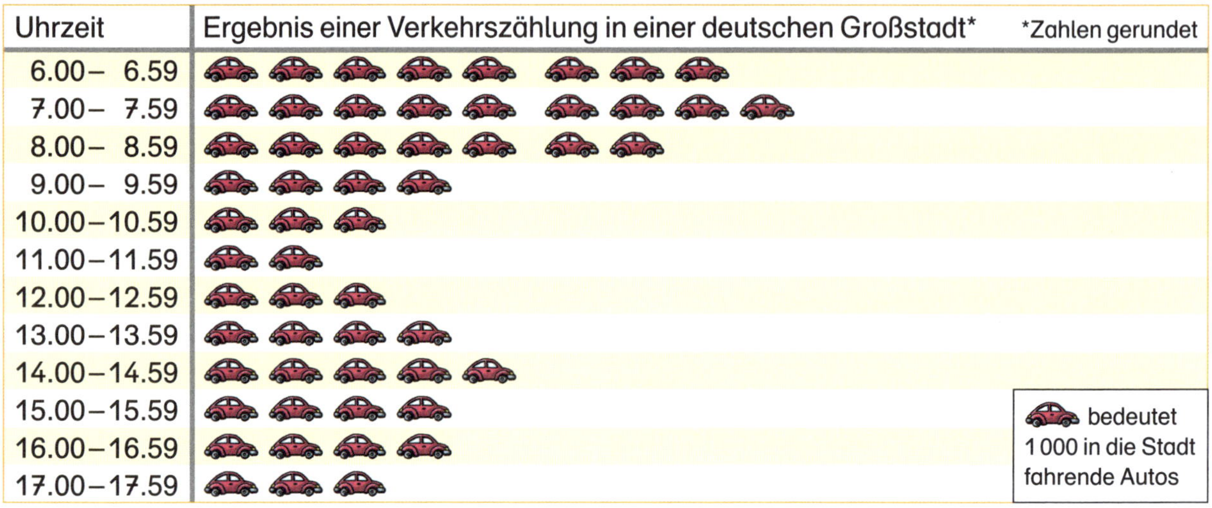

Uhrzeit	Ergebnis einer Verkehrszählung in einer deutschen Großstadt* *Zahlen gerundet
6.00– 6.59	🚗🚗🚗🚗🚗 🚗🚗🚗
7.00– 7.59	🚗🚗🚗🚗🚗 🚗🚗🚗🚗
8.00– 8.59	🚗🚗🚗🚗🚗 🚗🚗
9.00– 9.59	🚗🚗🚗🚗
10.00–10.59	🚗🚗🚗
11.00–11.59	🚗🚗
12.00–12.59	🚗🚗🚗
13.00–13.59	🚗🚗🚗
14.00–14.59	🚗🚗🚗🚗
15.00–15.59	🚗🚗🚗
16.00–16.59	🚗🚗🚗
17.00–17.59	🚗🚗🚗

🚗 bedeutet 1 000 in die Stadt fahrende Autos

Beantworte folgende Fragen mit jeweils einem ganzen Satz in deinem Heft.

a) Wie viele Autos fuhren von 6 Uhr bis 6.59 Uhr in die Stadt?

b) Wähle mindestens zwei Zeitabschnitte aus, die länger als eine Stunde dauern, und notiere, wie viele Autos in diesen Abschnitten in die Stadt fuhren.

c) Zu welchen Zeiten fuhren mehr als 4 000 Autos in die Stadt?

 d) Ermittle, wie viele Autos ungefähr an einem Tag auf der Straße an deiner Schule vorbeifahren. Zähle dazu zu verschiedenen Tageszeiten 15 Minuten lang die vorbeifahrenden Autos. Erkläre einem anderen Kind, wie man so zu einem Ergebnis kommen kann.

Seite 22 Aufgabe 1
a) Von 6 Uhr bis 6.59 Uhr …
b) …

2 Überlege und besprich mit einem anderen Kind, warum die Anzahl der Autos in den Zeitabschnitten so unterschiedlich ist. Besprecht gemeinsam, was man tun kann, damit insgesamt weniger Autos in die Stadt fahren.

3 Notiere zuerst, wie viele Mitarbeiter die einzelnen Firmen haben.

Zeichne passende Schaubilder.

Für Baum-Park:
1 420 Mitarbeiter

Für Maschinen-Werk:
3 460 Mitarbeiter

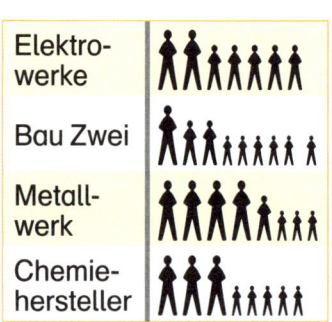

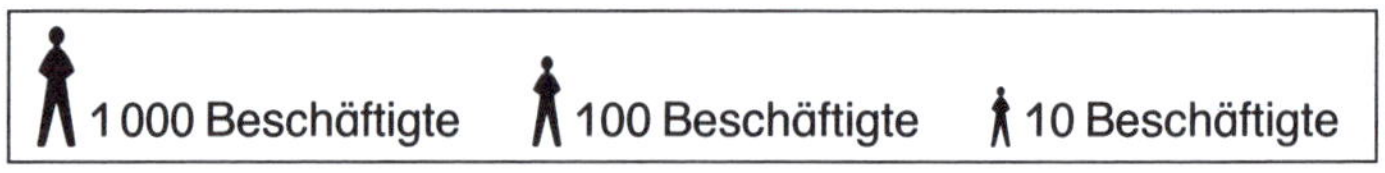

Seite 22 Aufgabe 3
Elektrowerke: …

* entnehmen einem Schaubild Daten und ziehen sie zur Lösung von Fragestellungen heran
* übertragen vorgegebene Daten in ein Schaubild mit vorgegebener Struktur
* bearbeiten komplexere Aufgabenstellungen gemeinsam und setzen eigene und fremde Standpunkte in Beziehung

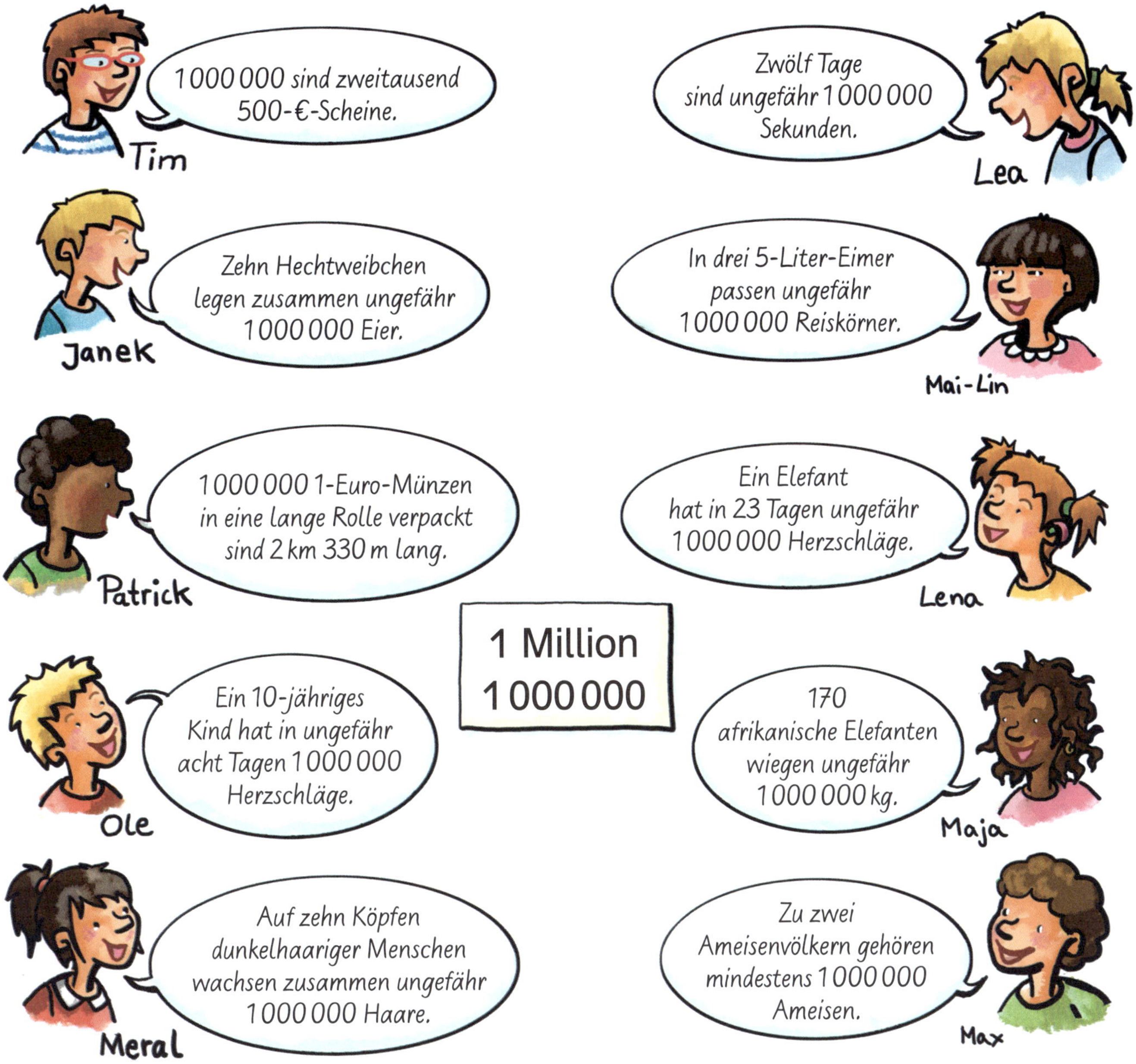

Interessante Aussagen zu 1 Million kennenlernen

Tim: 1 000 000 sind zweitausend 500-€-Scheine.

Lea: Zwölf Tage sind ungefähr 1 000 000 Sekunden.

Janek: Zehn Hechtweibchen legen zusammen ungefähr 1 000 000 Eier.

Mai-Lin: In drei 5-Liter-Eimer passen ungefähr 1 000 000 Reiskörner.

Patrick: 1 000 000 1-Euro-Münzen in eine lange Rolle verpackt sind 2 km 330 m lang.

Lena: Ein Elefant hat in 23 Tagen ungefähr 1 000 000 Herzschläge.

1 Million
1 000 000

Ole: Ein 10-jähriges Kind hat in ungefähr acht Tagen 1 000 000 Herzschläge.

Maja: 170 afrikanische Elefanten wiegen ungefähr 1 000 000 kg.

Meral: Auf zehn Köpfen dunkelhaariger Menschen wachsen zusammen ungefähr 1 000 000 Haare.

Max: Zu zwei Ameisenvölkern gehören mindestens 1 000 000 Ameisen.

① Suche selbst in Büchern, Zeitschriften oder im Internet weitere interessante Aussagen zu 1 Million. Gestalte gemeinsam mit anderen Kindern ein Plakat dazu.

Wenn ich 100 Quadrate mit 10 cm Seitenlänge aus Millimeterpapier ausschneide und nebeneinanderlege, habe ich eine Fläche mit 1 000 000 Millimeterquadraten.

② Schreibe Beispiele in dein Lerntagebuch, die dir helfen, dir Anzahlen bis 1 000 000 gut vorzustellen.

③ Schätze, wie viel Zeit du ungefähr benötigen würdest, um bis 1 Million zu zählen. Sprich mit anderen Kindern über deine Überlegungen und die Vorgehensweise beim Schätzen.

* nutzen bei der Bearbeitung von Problemstellungen geeignete Informationsquellen
* entwickeln und nutzen für die Präsentation ihrer Ergebnisse geeignete Darstellungsformen und Präsentationsmedien

Den Blockwürfel mit 1 000 000 Würfeln kennenlernen

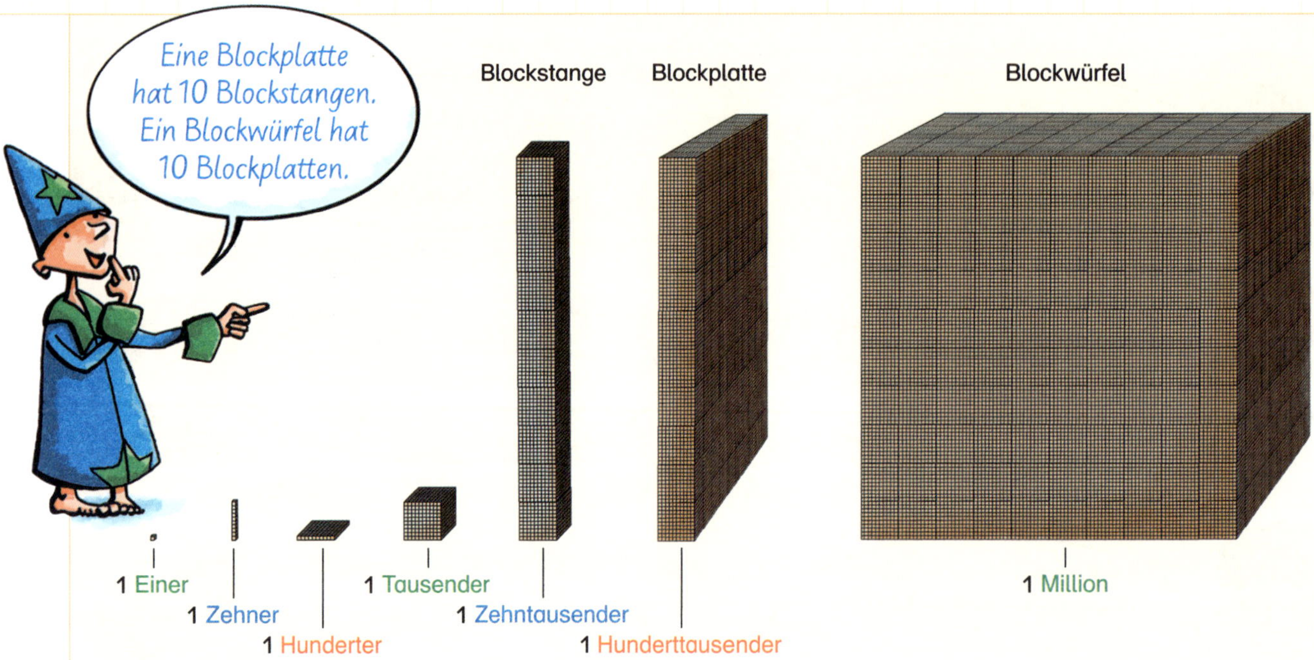

Eine Blockplatte hat 10 Blockstangen. Ein Blockwürfel hat 10 Blockplatten.

Blockstange Blockplatte Blockwürfel

1 Einer
1 Zehner
1 Hunderter
1 Tausender
1 Zehntausender
1 Hunderttausender
1 Million

1   10   100   1 000   10 000   100 000   1 000 000

·10 ·10 ·10 ·10 ·10 ·10

1 Bestimme die Anzahl der kleinen Würfel.

a)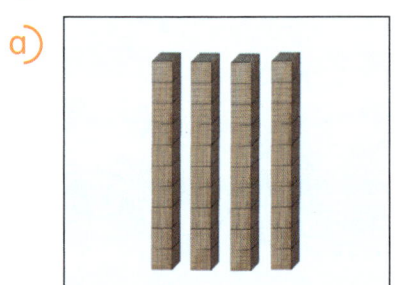

b)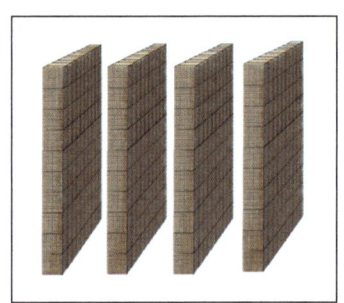

Seite 24 Aufgabe 1
a) 4 0 0 0 0   b) ...

c)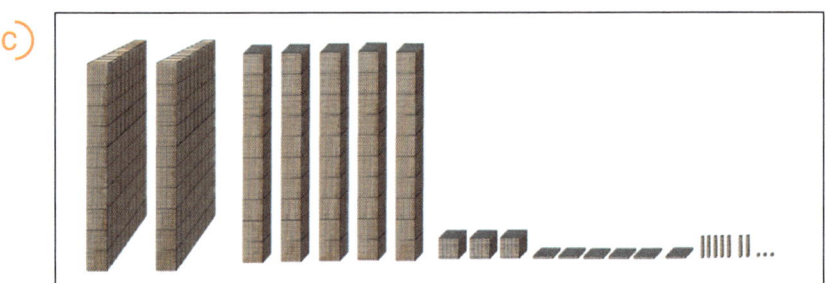

2 Untersuche die Zusammenhänge zwischen Würfel, Stange, Platte, Block, Blockstange, Blockplatte und Blockwürfel.
Sprich mit einem anderen Kind darüber, was dir auffällt.

★ erkennen und nutzen Strukturen bei der Zahlerfassung
★ nutzen planvoll und systematisch die Struktur des Zehnersystems und begründen Beziehungen

Zahlen bis 100 000 zusammenstellen

1 Schreibe für jedes Bild die passende Zerlegungsaufgabe auf.

a)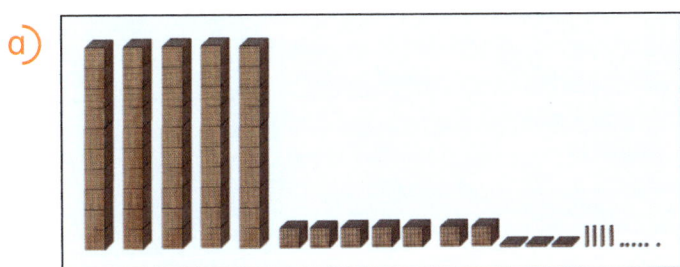

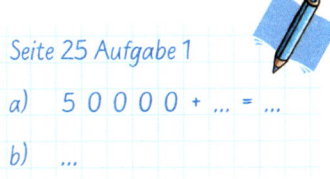
Seite 25 Aufgabe 1
a)   5 0 0 0 0 + ... = ...
b)   ...

b)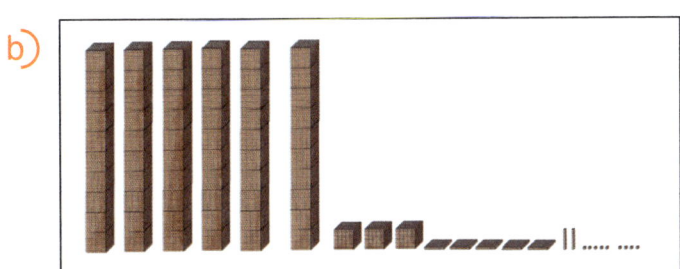

2 Bestimme die Zahlen gemeinsam mit einem anderen Kind.
Ihr könnt die Zahlen auch zuerst legen.

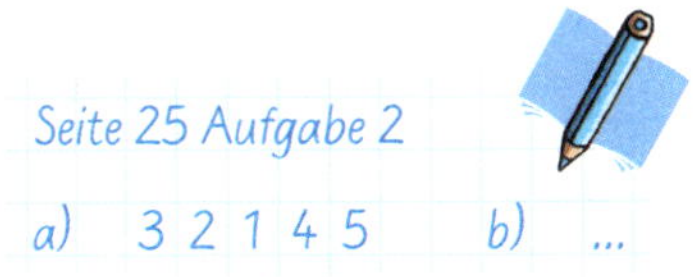

a) 3ZT 2T 1H 4Z 5E   b) 8ZT 7T 0H 3Z 0E
c) 1ZT 2T 3H 0Z 1E   d) 7ZT 0T 8H 1Z 9E

Seite 25 Aufgabe 2
a)   3 2 1 4 5   b) ...

e)
HT	ZT	T	H	Z	E
0	3	2	5	1	8

f)
HT	ZT	T	H	Z	E
0	3	2	5	2	7

g)
HT	ZT	T	H	Z	E
0	3	2	6	1	7

h)
HT	ZT	T	H	Z	E
0	3	3	5	1	7

3 Betrachtet, wie sich die Zahlen in Aufgabe 2 e) bis h) verändern.
Welche Zahl müsste bei einer Aufgabe 2 i) folgen?

4 Überlegt, bei welcher Darstellung in den Aufgaben 1 und 2 ihr die Zahlen
jeweils am besten erkennen könnt. Begründet eure Entscheidungen.
Schreibt eure Überlegungen im Lerntagebuch auf.

* nutzen planvoll und systematisch die Struktur des Zehnersystems
* zerlegen Zahlen im Zahlenraum bis 100 000 und erläutern dabei Zusammenhänge und Strukturen

Zahlen bis 1 000 000 zusammenstellen

1 Schreibe für jedes Bild die passende Zerlegungsaufgabe auf.

a)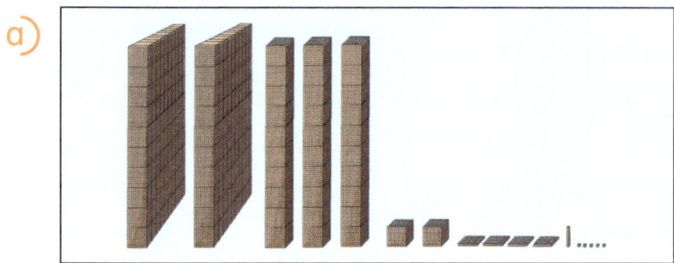

Seite 26 Aufgabe 1
a)   2 0 0 0 0 0 + ... = ...
b)   ...

b)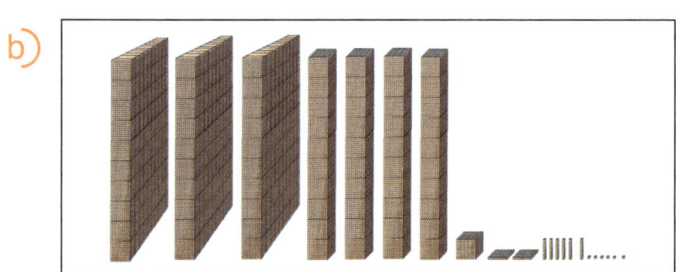

c)
M	HT	ZT	T	H	Z	E
0	3	8	5	7	6	2

d)
M	HT	ZT	T	H	Z	E
0	6	4	0	5	7	8

e) 368 459   f) 756 013

g) siebenhundertdreitausendfünfhundertdrei

2 Schreibe als Zahlen.

a) 4HT 6ZT 5T 8H 9Z 3E

b) 2HT 5ZT 4T 9H 3Z 8E

c) 0HT 5ZT 0T 8H 2Z 4E

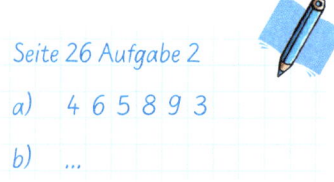

Seite 26 Aufgabe 2
a)   4 6 5 8 9 3
b)   ...

3 Nenne Zahlen, dein Partner zeigt sie mit dem Zahlenschieber. Wechselt auch die Rollen.

neunhunderteinunddreißigtausendachthundertdrei

931 803

Zahlen unterschiedlich notieren

1 Schreibe als Zahlen.
a) **ein**und**zwanzig**tausend**fünf**hundert**drei**und**vierzig**
b) **fünf**und**sechzig**tausend**neun**hundert**fünf**zehn
c) **sieben**hundert**zehn**tausend
d) **vier**hundert**zehn**tausend**drei**hundert**siebzig**
e) **drei**hundert**sieben**und**neunzig**tausend**acht**hundert**fünf**

Seite 27 Aufgabe 1
a) 2 1 5 4 3   b) ...

2 Schreibe als Zahlwörter.
a) 50 460   b) 3HT 2ZT 4T 8H 7Z 1E
    174 215   7HT 0ZT 5T 0H 6Z 4E
    503 812   2HT 0ZT 0T 4H 0Z 8E

Seite 27 Aufgabe 2
a) fünfzigtausendvierhundertsechzig
    ⋮
b) ...

 3 Diktiere die Zahlen einem anderen Kind. Kontrolliert gemeinsam.
a) 36 417   b) 137 598   c) 888 444
d) fünfhundertachtzehntausendvierhundertsieben
e) zweihundertvierzigtausendfünfhundertdreiundachtzig
f) neunhundertdreiundsechzigtausendsiebenhundertachtundneunzig

Seite 27 Aufgabe 3
a) 3 6 4 1 7   b) ...

 4 Suche dir ein Partnerkind.
Übt mit dem Zahlenschieber.

a) Ein Kind stellt eine Zahl ein, das andere liest sie ab.

b) Ein Kind stellt eine Zahl ein, das andere Kind sagt, wie viele Einer, Zehner … die Zahl hat.

c) Das erste Kind stellt eine Zahl so ein, dass das zweite Kind sie nicht sieht. Das erste Kind beschreibt die Zahl, das zweite Kind nennt die Zahl und schreibt sie auf.

Meine Zahl hat 8ZT, 0T, 0H, 3Z, 5E.

Deine Zahl ist …

    8ZT 6E   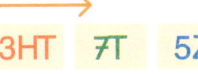 3HT 7T 5Z     6ZT 8T 2H 9E
307 050
68 209
80 006

→ Ü Seite 5

★ nutzen planvoll und systematisch die Struktur des Zehnersystems
★ zerlegen Zahlen im Zahlenraum bis zur Million
★ wechseln zwischen verschiedenen Formen der Zahldarstellung

Zahlen bis 1 000 000 bilden und verändern

1 Lege oder zeichne sechsstellige Zahlen, die du mit sechs Plättchen legen kannst.

HT	ZT	T	H	Z	E

a) mindestens fünf verschiedene Zahlen
b) die größte Zahl
c) die kleinste Zahl

2 Schreibe zusammen mit einem anderen Kind alle Zahlen auf, die du in der Stellentafel legen kannst. Findet eine geschickte Vorgehensweise.

a) mit einem Plättchen
b) mit zwei Plättchen

3 Schreibe die Zahlen auf, die entstehen, wenn du von dieser Stellentafel ausgehst und …

HT	ZT	T	H	Z	E
:: :	::	•	:::: •	••	:: :

a) … an der Zehntausenderstelle ein Plättchen dazulegst.
b) … an der Tausenderstelle ein Plättchen wegnimmst.
c) … an der Hunderterstelle ein Plättchen dazulegst.
d) … die Plättchen an der Einerstelle verdoppelst.

4 Schreibe alle Zahlen auf, die entstehen können, wenn du …

a) … bei der Zahl 251 473 ein Plättchen dazulegst.
b) … bei der Zahl 124 456 ein Plättchen verschiebst.
c) Besprich deine Ergebnisse und deine Vorgehensweise mit einem anderen Kind.

* nutzen planvoll und systematisch die Struktur des Zehnersystems und begründen Beziehungen
* erkennen mathematische Zusammenhänge, entwickeln Lösungswege und erklären Gesetzmäßigkeiten

→ Ü Seite 6

Altägyptische Zahlen lesen und schreiben

Die alten Ägypter benutzten sieben verschiedene Zahlzeichen.

Ägyptische Zahlzeichen	| (Kerbe)	∩ (Joch der Ochsengespanne)	ℂ (Maßband)	(Lotusblume)	(Finger)	(Kaulquappe)	(Kniender Mann)
Zahlen heute	1	10	100	1 000	10 000	100 000	1 000 000

Sie hatten auch wie wir ein Zehnersystem:

Zehn Kerben ergaben ein Joch: zehn \| → ein ∩
Zehn Joch ergaben ein Maßband: zehn ∩ → ein ℂ
…

1 Ergänze.

a) 1 ℂ → ▢ ∩   b) 1 ⸱ → ▢ ℂ   c) 1 ⟩ → ▢ ⸱   Seite 29 Aufgabe 1
d) 1 🐸 → ▢ ⟩   e) 1 👤 → ▢ 🐸   f) ▢ ∩ → 1 ⸱   a) 1 0 ∩   b) …
g) ▢ \| → 1 ⸱   h) 1 🐸 → ▢ ⸱   i) 1 👤 → ▢ ⸱

2 Übertrage die ägyptischen Zahlzeichen mit unseren Ziffern in eine Stellentafel und bestimme so die Zahl.

a) 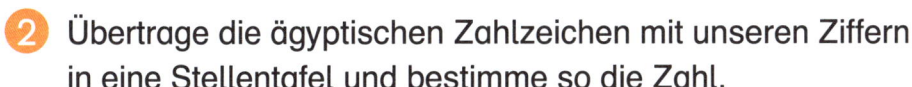   b)

c)   d)

Seite 29 Aufgabe 2

	M	HT	ZT	T	H	Z	E
a)	2	3	4	5	0	2	4
b)	…						

3 Schreibe die folgenden Zahlen mit ägyptischen Zahlzeichen:

a) 27   b) 135   c) 1 572   d) 15 243   Seite 29 Aufgabe 3
e) 142 135   f) 4 020   g) 10 200   h) 100 250   a) ∩∩\|\|\|\|\|\|\| b) …

4 Schreibe Zahlen in ägyptischen Zahlzeichen auf. Ein Partnerkind überträgt diese in unsere Schreibweise.

Seite 29 Aufgabe 4

* erkennen die Struktur ägyptischer Zahldarstellungen
* übertragen eine Zahldarstellung in eine andere

Zuschauerzahlen finden und vergleichen

 1 Lies die Zeitungsausschnitte.

- **VfB Lübeck – FC Meppen 0:2**
Schiedsrichter: Höhns – Zuschauer: 1668 –
Tore: 0:1 M. Wagner (35.), 0:2 Pini (44.)

Berlin Marathon

Das Experiment ist gelungen. Besser hätte der Berlin Marathon für die Macher kaum laufen können. Wilson Kipsang Kiprotich (Kenia) stellte beim 40. Berlin Marathon mit 2:03:23 Stunden einen Streckenrekord auf, ca. 1 000 000 Zuschauer sorgten am 29. September 2013 für Festtagsstimmung.

Teilnehmer am München-Marathon im Jahr 2012: 13 278

Borussia Dortmund – 1. FSV Mainz 05 2:0 (1:0)
Tore: 1:0 Reus (30.), 2:0 Kagawa (73.). Zuschauer: 81 000.

Formel 1:
132 000 Zuschauer erleben spannendes Rennen!

Basketball-Bundesliga

Die Fans hatten trotz der schwierigen Situation bis zuletzt zu ihrer Mannschaft gehalten. 4400 Zuschauer kamen zum Abstiegs-Endspiel.

Zuschauer beim Neujahrsskispringen: 34 396

a) Besprich mit einem Partnerkind, was die Zahlenangaben in den Zeitungsausschnitten bedeuten.

b) Bei welchen Sportveranstaltungen wart ihr schon? Schätzt, wie viele Zuschauer es dort gab.

c) Erkundigt euch im Sportteil der Zeitung oder im Internet, wie viele Zuschauer bei Sportveranstaltungen in eurer Nähe waren. Stellt eure Ergebnisse auf einem Plakat der Klasse vor.

 2 Zahlensucher spielen

Suche dir zunächst zwei bis drei Mitspieler.
Ein Spieler ist der Zeitwächter. Er stoppt ein oder zwei Minuten ab.
Die anderen Spieler benötigen je eine Zeitung.
Während die Zeit läuft, suchen sie in der Zeitung möglichst viele Zahlen und schreiben sie auf.

Ihr könnt vor dem Spiel selbst Aufgaben festlegen, zum Beispiel: Wer findet …

… die größte Zahl?

… die meisten Zahlen zwischen 10 000 und 100 000?

…

★ entnehmen relevante Informationen aus verschiedenen Quellen
★ schätzen und bestimmen Anzahlen
★ finden weitere Ergebnisse durch Variation oder Fortsetzung von gegebenen Aufgaben und präsentieren diese

Zahlen bis 100 000 am Zahlenstrahl ablesen

1 Auf welche Zahlen zeigen die Pfeile?

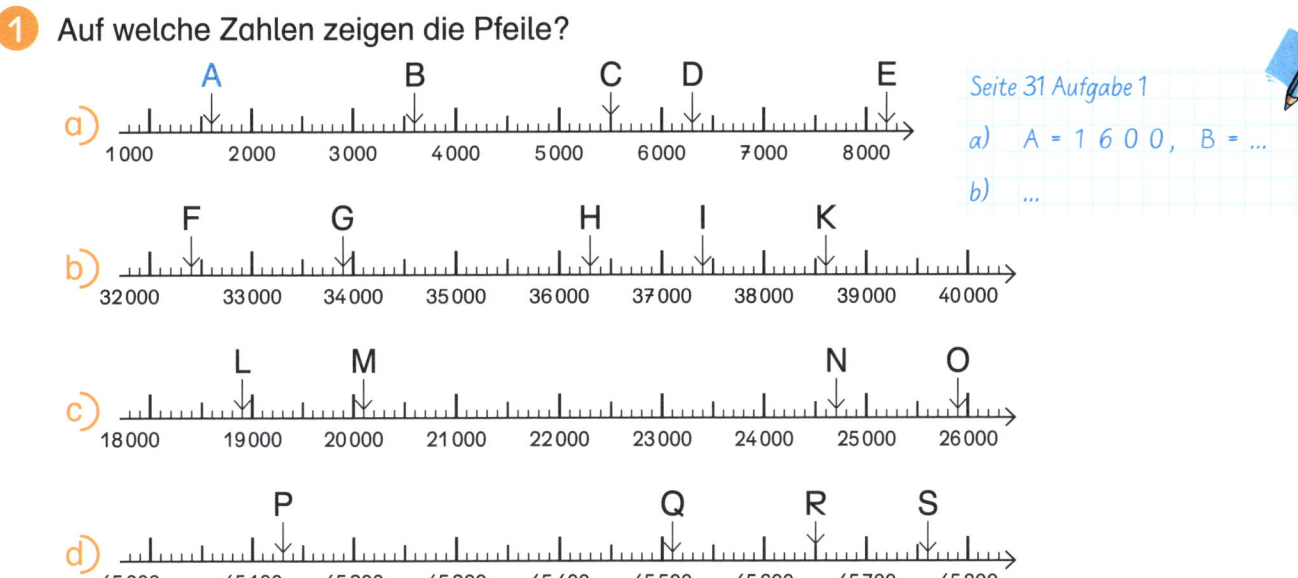

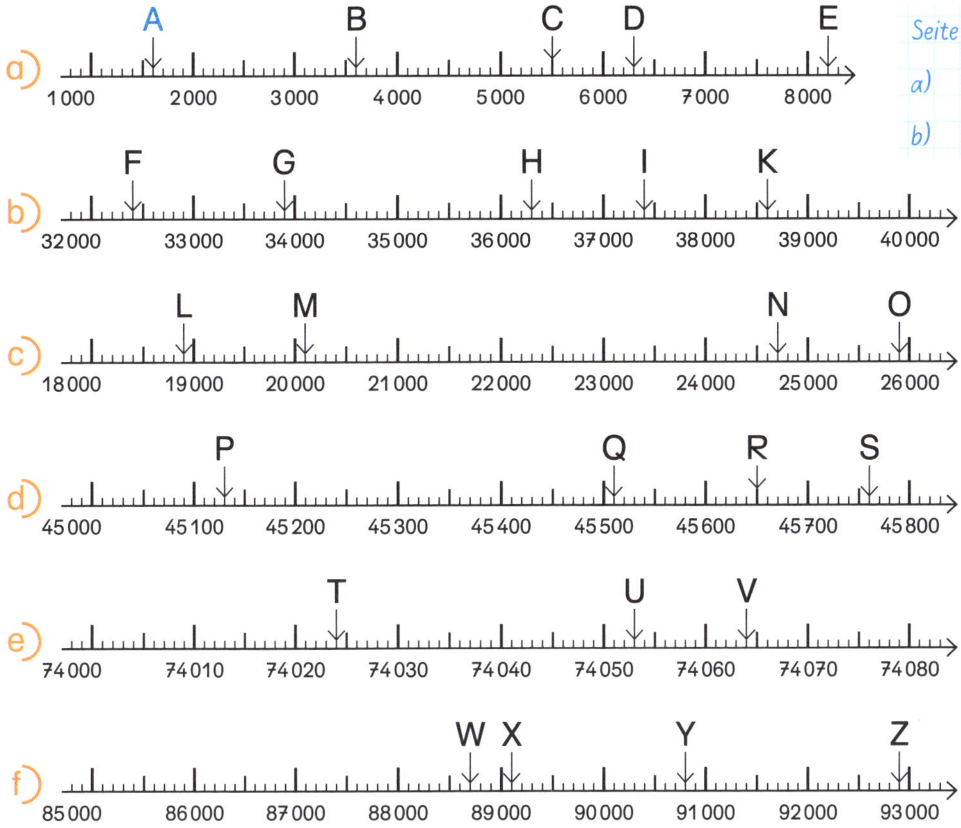

Seite 31 Aufgabe 1
a) A = 1 6 0 0, B = ...
b) ...

2 Suche dir ein anderes Kind.
Zeige vorsichtig mit einem spitzen Bleistift auf einen Strich am Zahlenstrahl. Dein Partnerkind nennt dir diese Zahl sowie die Zahlen für den Strich davor und den Strich danach. Tauscht auch die Rollen.

36 100, 36 200, 36 300

3T 8Z   1HT 3T 5Z   2HT 9ZT 4T 6H   294 600 103 050 3 080

★ übertragen bekannte Strukturen und Anordnungen des Zahlenstrahls auf den Zahlenraum bis 100 000
★ bearbeiten Aufgaben gemeinsam

Zahlen bis 1 000 000 ablesen und einzeichnen

1 Bestimme zu jedem Buchstaben die passende Zahl.

Seite 32 Aufgabe 1
a) A = 1 4 0 0 0, B = ...
b) ...

a)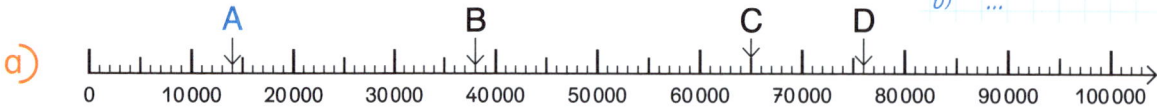
b)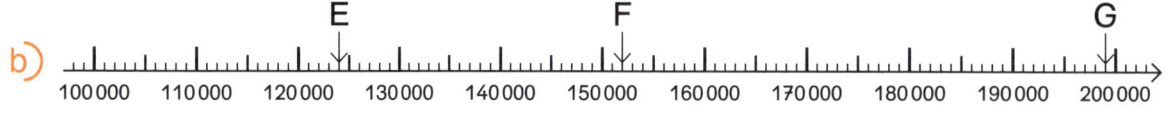
c)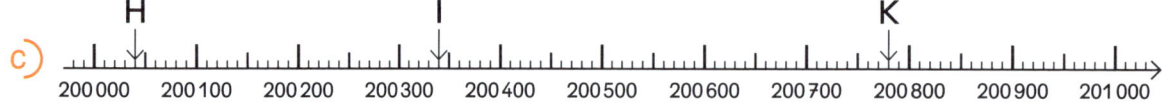
d)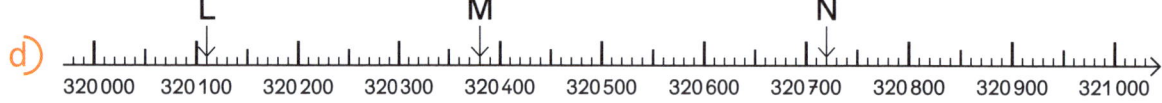
e)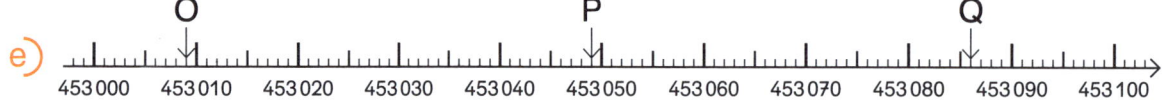
f)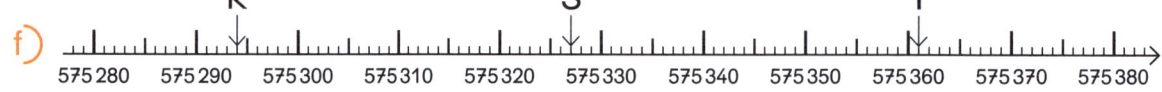

2 Bestimme die Zahlen, auf welche die Pfeile zeigen.

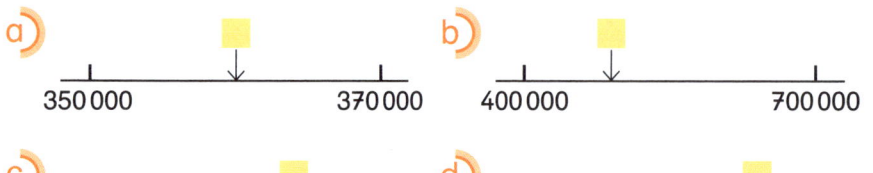

Seite 32 Aufgabe 2
a) ...

3 Übertrage die Ausschnitte in dein Heft.
Zeichne die ungefähre Lage der angegebenen Zahlen ein.

a) 210 000
b) 453 000
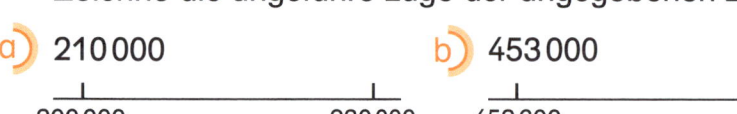

Seite 32 Aufgabe 3
a) ...

c) 754 200
d) 507 132
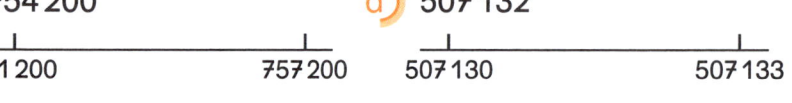

* übertragen bekannte Strukturen und Anordnungen des Zahlenstrahls auf den Zahlenraum bis 1 Million
* ordnen vorgegebenen Positionen auf dem Zahlenstrahl Zahlen zu
* verorten Zahlen an Zahlenstrahlausschnitten

→ AH Seiten 9 und 10

Große Zahlen runden

1 Schreibe die Zahlen mit den unterschiedlichen Zahlennachbarn in dein Heft.

153 254	624 323	38 999
	297 187	14 328

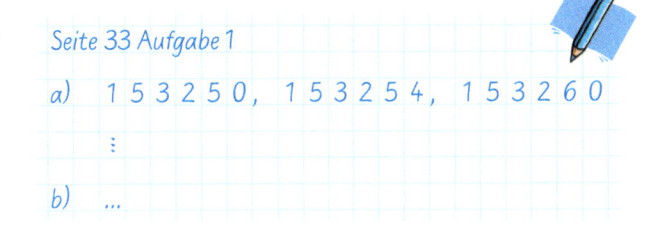

a) mit den beiden Nachbarzehnern
b) mit den beiden Nachbarhundertern
c) mit den beiden Nachbartausendern
d) mit den beiden Nachbarzehntausendern
e) Umkreise jeweils die Nachbarzahl, die näher an der Zahl liegt.

Seite 33 Aufgabe 1
a) 1 5 3 2 5 0, 1 5 3 2 5 4, 1 5 3 2 6 0
⋮
b) ...

Bei manchen Zahlen braucht man beim Runden eine weitere Regel.

Zahlen runden

Hat die Zahl eine 5 an der Einerstelle und man rundet auf volle Zehner, wird zur nächsthöheren Zehnerzahl gerundet: 361 43**5** ≈ 361 4**4**0

Bei einer 5 an der Zehnerstelle wird zur nächsthöheren Hunderterzahl gerundet: 361 451

Bei einer 5 an der Hunderterstelle wird zur nächsthöheren Tausenderzahl gerundet: 361 532

Bei einer 5 an der Tausenderstelle wird zur nächsthöheren Zehntausenderzahl gerundet: 365 722

---

2 Runde die Zahlen ...

HT	ZT	T	H	Z	E
8	4	7	5	4	2
5	2	4	3	2	5
1	7	0	8	5	8
8	0	0	0	9	9

a) ... auf volle Zehner.
b) ... auf volle Hunderter.
c) ... auf volle Tausender.
d) ... auf volle Zehntausender.

Seite 33 Aufgabe 2
a) 8 4 7 5 4 2 ≈ 8 4 7 5 4 0
⋮
b) ...

---

3 Runde die folgenden Angaben. Entscheide jeweils, auf welche Stellen du rundest.

a) Für ein Popkonzert wurden 21 997 Karten verkauft.
b) Die Wohnung kostet 249 890 Euro.
c) Der höchste Berg Europas ist mit 4 810 m der Mont Blanc.
d) Von München nach Berlin sind es 587 km.

Seite 33 Aufgabe 3
a) ≈ 2 2 0 0 0   Karten
b) ...

→ AH Seiten 11 und 12
→ Ü Seiten 7 und 8

★ orientieren sich im Zahlenraum bis zur Million
★ nutzen ihre Orientierung im Zahlenraum beim Runden von Zahlen
★ wenden Rundungsregeln angemessen an

Zahlreihen fortsetzen

1 Setze die Zahlreihen fort.

a)   35 000, 34 000, 33 000, …   26 000
b) 163 000, 153 000, 143 000, …   83 000
c) 967 000, 867 000, 767 000, …   67 000
d)   60 500, 110 500, 160 500, … 560 500
e) 897 995, 897 996, 897 997, … 898 005
f) 700 006, 700 005, 700 004, … 699 997

Seite 34 Aufgabe 1
a) 3 5 0 0 0, 3 4 0 0 0, 3 3 0 0 0,
    3 2 0 0 0, …
b) …

2 Arbeite mit einem Partnerkind.
Ihr könnt die Anfangszahl und die Endzahl auf einen Zettel schreiben.
Zählt in den angegebenen Schritten und macht dabei immer einen Schritt.
Wechselt euch beim Sprechen ab.

a) in Zehnerschritten

von   37 980 bis   38 030
von 169 970 bis 170 020
von   63 534 bis   63 484
von 368 021 bis 367 971
von … bis …

b) in Hunderterschritten

von   68 900 bis   69 500
von 473 880 bis 474 580
von   13 764 bis   14 364
von 175 874 bis 176 374
von … bis …

3 Ergänze die dargestellten Zahlreihen und schreibe sie auf.
Besprich die Lösungssuche mit einem anderen Kind.

a) 100 000 … … … 500 000

b) 238 417 … … … 238 617

c) 675 400 … … … 676 400

Seite 34 Aufgabe 3
a) …

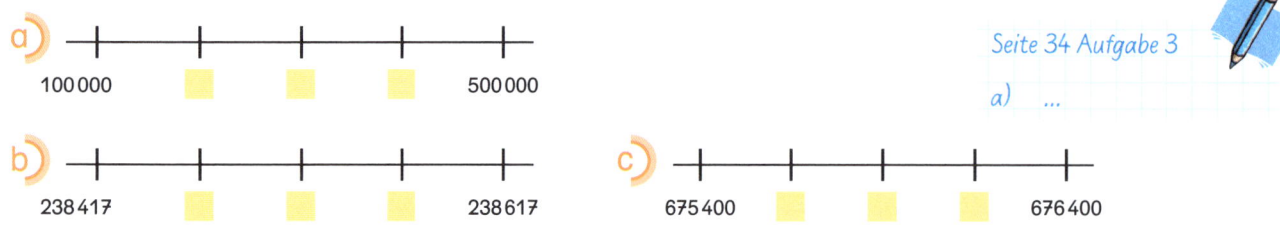

1HT 7E → 5ZT 3H 8Z → 3HT 5T 2H 4E → 100 007 50 380 305 204

Zahlen ordnen und vergleichen

1 Bilde aus den Ziffernkärtchen sechsstellige Zahlen und schreibe sie in die Stellentafel.

3 5 6 8 1 7

Finde zuerst die größtmögliche und die kleinstmögliche Zahl und dann 8 weitere verschiedene Zahlen.

Seite 35 Aufgabe 1

HT	ZT	T	H	Z	E
...					
...					

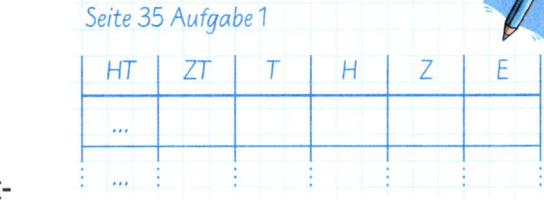

2 Ordne die Zahlen der Größe nach.
Beginne zuerst mit der kleinsten Zahl und danach mit der größten Zahl.
Vergleiche deine Ergebnisse mit denen eines anderen Kindes.

381 999 99 999
900 450 798 419 104 510

Seite 35 Aufgabe 2
... < ...

3 Setze die Zeichen < und > passend ein.

a) 107 480 ● 107 500
219 510 ● 291 150
700 400 ● 400 700

b) 551 142 ● 551 124
493 108 ● 439 088
267 500 ● 276 490

Seite 35 Aufgabe 3
a) 1 0 7 4 8 0 < 1 0 7 5 0 0
⋮
b) ...

4 Ergänze die Zahlen mit passenden Ziffern.

a) _3 415 > _3 415
5 _ 568 < 5 _ 568
74 _ 72 > 74 _ 72

b) _06 459 < _06 495
5 _ 7 300 > 5 _ 7 400
35 _ 2 _ 0 < 35 _ 230

Seite 35 Aufgabe 4
a) 6 3 4 1 5 > 2 3 4 1 5 b) ...
⋮

5 Finde gemeinsam mit einem anderen Kind die Lösungen zu den Rätseln.
Findet selbst weitere Zahlenrätsel und stellt sie euch gegenseitig.
Notiere in deinem Lerntagebuch das Zahlenrätsel, das du besonders interessant findest.

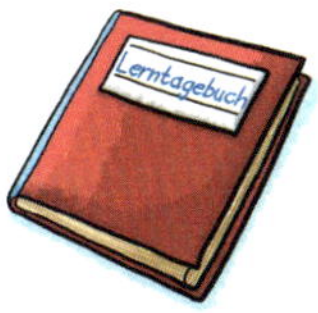

Gibt es eine Zahl, die zwischen 400 000 und 410 000 liegt und 4-mal die Ziffer 5 enthält?

Gibt es eine Zahl, die genau in der Mitte zwischen 168 881 und 168 888 liegt?

Gibt es eine Zahl, die kleiner als 600 000 und größer als 500 000 ist und bei der alle Ziffern gleich sind?

Gibt es eine Zahl, die um 10 kleiner als 1 Million ist?

Gibt es eine Zahl, die zwischen 453 000 und 553 000 liegt und nur gleiche Ziffern enthält?

→ AH Seite 13

* ordnen und vergleichen Zahlen
* verknüpfen beim Lösen von Zahlenrätseln mehrere Informationen
* finden zu gegebenem Modell eigene Zahlenrätsel und präsentieren diese unter Verwendung der Fachsprache

Zahlenrätsel lösen

1. Schreibe auf, welche Zahlen die Kinder meinen.

   Seite 36 Aufgabe 1
   Patrick: ...

2. Denke dir eine Zahl aus und schreibe selbst ein Zahlenrätsel. Es soll mindestens einer der Begriffe „gerade", „ungerade", „runden", „genau" und „zwischen" vorkommen. Stelle es anderen Kindern vor.

   Seite 36 Aufgabe 2

3. Löse die Aufgaben zu den Zahlen in der Kiste alleine oder mit einem anderen Kind. Begründe deine Überlegungen.

   a) Wie viele Zahlenkärtchen können höchstens in der Kiste sein?

   Seite 36 Aufgabe 3
   a) ...

   b) Finde mindestens zehn Zahlen, die drei gleiche Ziffern haben.

   c) Schreibe die kleinste und die größte ungerade Zahl auf.

   d) Welche beiden Zahlen sind die Nachbarzahlen von 150 500?

   e) Welche Zahl in der Kiste hat zwei Einer, doppelt so viele Zehner und viermal so viele Hunderter?

   f) Welche Zahlen haben doppelt so viele Hunderter wie Einer und halb so viele Zehner wie Einer?

   g) Wie viele gerade Zahlen sind in der Kiste? Begründe.

* verknüpfen beim Lösen der Zahlenrätsel mehrere Informationen
* finden zu Modellen eigene Zahlenrätsel, präsentieren diese unter Verwendung geeigneter Fachsprache
* bearbeiten komplexere Aufgabenstellungen gemeinsam, begründen und vollziehen Begründungen nach

→ Ü Seite 10

Zuschauerzahlen in Bundesligastadien vergleichen

1 Werte die Übersicht über die Bundesligastadien aus.

a) In welches Stadion passen die meisten, in welches die wenigsten Zuschauer?

Seite 37 Aufgabe 1
a) ...

b) Welche Stadien sind etwa gleich groß?

c) In welche Stadien passen bis zu 30 000 Zuschauer?

d) In welche Stadien passen über 45 000 Zuschauer?

e) Schreibe die Zuschauerplätze der Größe nach geordnet auf.

f) Überprüfe die Zahlen durch Suche im Internet. Du kannst dort auch weitere Stadien und Zuschauerzahlen finden und auf einem Plakat darstellen.

g) Wie viele Zuschauer passen auf ein Fußballfeld? Überlege mit einem anderen Kind, welche Informationen ihr benötigt und wie ihr vorgehen könnt, um die Frage zu beantworten.

53. Saison 1. Bundesliga 2015/2016

Mannschaft	Stadion	Plätze
FC Augsburg	WWK Arena	30 660
Hertha BSC	Olympiastadion	74 649
Werder Bremen	Weserstadion	42 100
SV Darmstadt 98	Merck-Stadion am Böllenfalltor	16 500
Borussia Dortmund	Signal Iduna Park	81 359
Eintracht Frankfurt	Commerzbank Arena	51 500
FC Schalke 04	VELTINS-Arena	62 271
Hamburger SV	Volksparkstadion	57 439
Hannover 96	HDI-Arena	49 000
TSG 1899 Hoffenheim	WIRSOL Rhein-Neckar-Arena	30 150
FC Ingolstadt 04	Audi-Sportpark	15 800
1. FC Köln	RheinEnergieStadion	50 000
Bayer 04 Leverkusen	BayArena	30 210
1. FSV Mainz 05	Coface Arena	34 000
Borussia Mönchengladbach	BORUSSIA-Park	54 049
FC Bayern München	Allianz Arena	75 000
VfB Stuttgart	Mercedes-Benz Arena	60 449
VfL Wolfsburg	Volkswagen Arena	30 000

2 Betrachte die Tabelle.

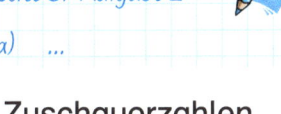
Seite 37 Aufgabe 2
a) ...

Bayer 04 Leverkusen – Zuschauerzahlen bei Heimspielen

Gegründet: 01.07.1904
Chronik seit 1963: 1979 bis 2016 1. Bundesliga

BL-Saison	Platz	Tore	Punkte	Zuschauer gesamt
2006/2007	5	54:49	51	381 000
2007/2008	7	57:40	51	382 000
2008/2009	9	59:46	49	457 450
2009/2010	4	65:38	59	498 375
2010/2011	2	64:44	68	485 187
2011/2012	5	52:44	54	485 110
2012/2013	3	65:39	65	476 198
2013/2014	4	60:41	61	479 608
2014/2015	4	62:37	61	494 589
2015/2016	3	56:40	60	493 305

a) Ordne die Zuschauerzahlen der Größe nach.

b) Finde dann mit einem Partner selbst Fragen und passende Antworten zur Tabelle.

c) Auf der Internetseite von Vereinen kannst du unter „Statistik" weitere Daten über Platzierungen und Zuschauerzahlen abrufen und selbst weitere Vergleiche anstellen.

* entnehmen Tabellen Daten und ziehen sie zur Lösung von Fragestellungen heran
* überprüfen Zahlenangaben auf ihre Angemessenheit, finden und korrigieren Fehler
* finden gemeinsam mit einem Partner zu einem vorgegebenen Modell passende Problemstellungen

Anzahlen von Grundschulkindern vergleichen

Anzahl der Grundschulkinder in den einzelnen Bundesländern (Schuljahr 2015/2016)

Baden-Württemberg (BW)
356 600

Bayern (BY)
412 700

Berlin (BE)
109 723

Brandenburg (BB)
77 799

Bremen (HB)
20 563

Hamburg (HH)
56 773

Hessen (HE)
199 090

Mecklenburg-Vorpommern (MV)
47 359

Niedersachsen (NI)
280 430

Nordrhein-Westfalen (NW)
638 080

Rheinland-Pfalz (RP)
134 460

Saarland (SL)
28 801

Sachsen (SN)
124 600

Sachsen-Anhalt (ST)
61 277

Schleswig-Holstein (SH)
101 522

Thüringen (TH)
64 501

1 Ordne die Anzahlen der Grundschulkinder.

a) Trage die Anzahlen in eine Stellentafel ein.

b) Ordne die Bundesländer nach der Anzahl der Grundschulkinder.

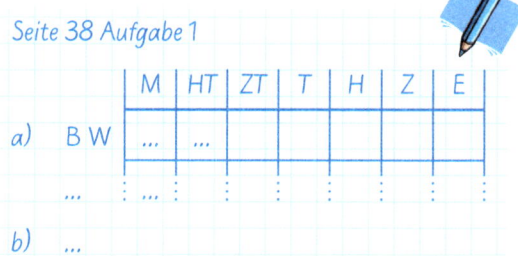

2 Vergleiche die Zahlen. Benutze die Abkürzungen der Bundesländer.

a) Welche Bundesländer haben etwa die gleiche Anzahl von Grundschulkindern?

b) In welchen Ländern gibt es mehr als 500 000 Grundschulkinder?

c) Welche Länder haben weniger als 100 000 Grundschulkinder?

3 Zeichne ein Diagramm. Stelle die Grundschulkinder als Strichmännchen dar.

𝕏 steht für 100 000 Grundschulkinder
𝕏 steht für 10 000 Grundschulkinder

Runde die Zahlen.

* übertragen eine Darstellung in eine andere
* entnehmen einer Übersicht die für die Lösung relevanten Informationen
* übertragen vorgegebene Daten in ein Diagramm mit vorgegebener Struktur

Die Einwohnerzahlen der Landeshauptstädte vergleichen

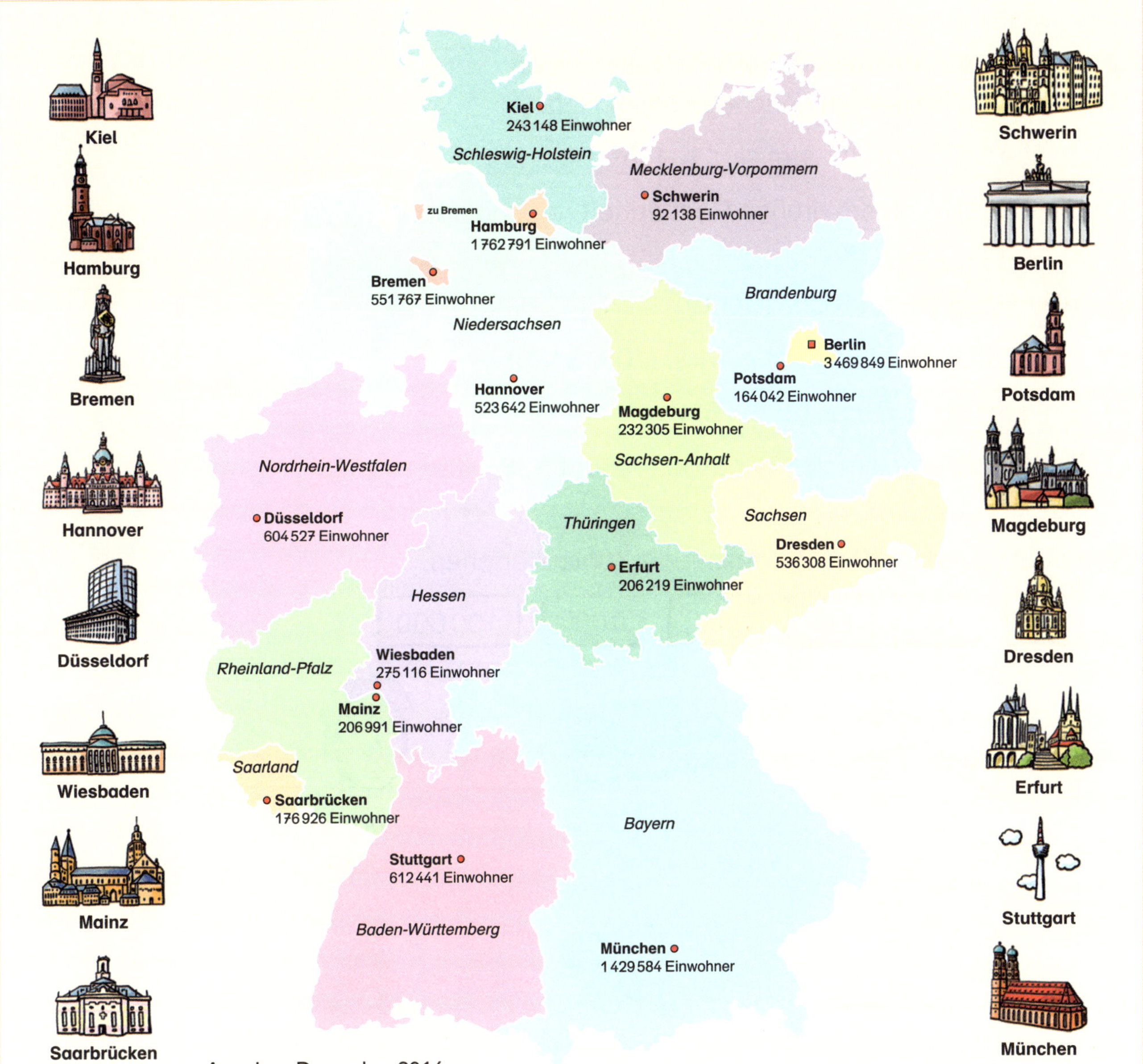

Kiel
Hamburg
Bremen
Hannover
Düsseldorf
Wiesbaden
Mainz
Saarbrücken
Schwerin
Berlin
Potsdam
Magdeburg
Dresden
Erfurt
Stuttgart
München
Kiel 243 148 Einwohner
Schleswig-Holstein
Mecklenburg-Vorpommern
Schwerin 92 138 Einwohner
zu Bremen
Hamburg 1 762 791 Einwohner
Bremen 551 767 Einwohner
Niedersachsen
Brandenburg
Berlin 3 469 849 Einwohner
Potsdam 164 042 Einwohner
Hannover 523 642 Einwohner
Magdeburg 232 305 Einwohner
Sachsen-Anhalt
Nordrhein-Westfalen
Düsseldorf 604 527 Einwohner
Thüringen
Sachsen
Dresden 536 308 Einwohner
Erfurt 206 219 Einwohner
Hessen
Rheinland-Pfalz
Wiesbaden 275 116 Einwohner
Mainz 206 991 Einwohner
Saarland
Saarbrücken 176 926 Einwohner
Bayern
Stuttgart 612 441 Einwohner
Baden-Württemberg
München 1 429 584 Einwohner

Angaben Dezember 2014

1 Betrachte gemeinsam mit einem anderen Kind die Karte und die Zahlen. Beantwortet gemeinsam die folgenden Fragen:

a) Wie viele Bundesländer gibt es?

b) Es gibt drei „Stadtstaaten". Welche sind es? Woran habt ihr sie erkannt?

c) Welche Landeshauptstadt hat die meisten Einwohner? Welche die wenigsten?

d) Welche Landeshauptstädte haben etwa eine halbe Million Einwohner?

e) In welchen Hauptstädten leben mehr als eine Million Menschen?

f) In welchen Städten leben etwa gleich viele Menschen?

g) Findet weitere Fragen und Antworten.

h) Sucht im Internet nach aktuellen Einwohnerzahlen der Städte.

* entnehmen einer Kartendarstellung relevante Informationen und formulieren dazu mathematische Fragestellungen
* beschreiben mathematische Zusammenhänge der Daten

Zahlenangaben passend zuordnen

1 Entscheide, welche der beiden Zahlen passt, und schreibe die Sätze richtig in dein Heft.

a) In einem Kasten Sprudel sind ▉ Flaschen. (30, 12)

b) Eine Seite in einem großen Rechenheft hat ungefähr ▉ Karos. (2 400, 840)

c) 10 km sind ▉ m. (1000, 10 000)

d) Ein Elefant wiegt ungefähr ▉ kg. (100, 3 100)

e) Ein Jahr hat ▉ Tage. (356, 365)

f) Der Mond ist ▉ km von der Erde entfernt. (384 000, 100 000)

Seite 40 Aufgabe 1
a) In einem Kasten …
b) …

2 Finde zu jedem Bild das passende Zahlenkärtchen.

| 40 | 180 | 360 | 600 | 9000 | 100 000 |

Seite 40 Aufgabe 2
A: …

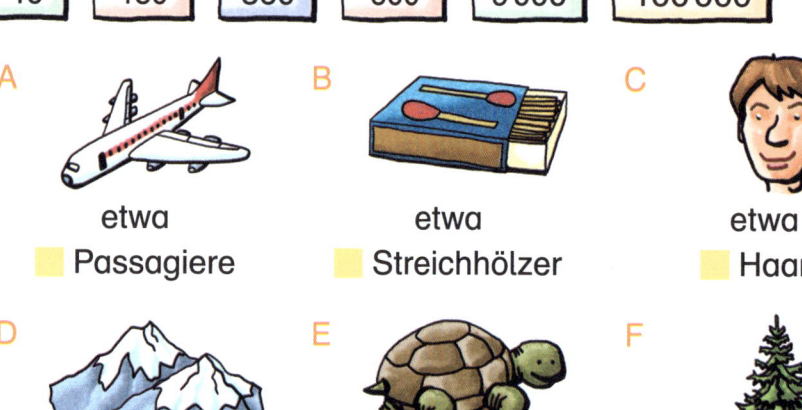

A etwa ▉ Passagiere

B etwa ▉ Streichhölzer

C etwa ▉ Haare

D Mount Everest Höhe etwa ▉ m

E Höchstalter etwa ▉ Jahre

F Tanne Höchstalter etwa ▉ Jahre

3 Suche dir ein oder zwei andere Kinder. Notiert interessante Zahlenangaben, die ihr in Zeitungen, Lexika oder im Internet findet.

Denkt euch dazu ein Spiel aus (Quiz, Domino, Würfelspiel …). Schreibt die Spielregeln auf. Spielt euer Spiel.

4 Wie viele aufgeblasene Luftballons passen in euer Klassenzimmer? Besprich mit anderen Kindern, wie ihr vorgehen könnt, um eine Lösung zu finden.

* begründen, ob Ergebnisse plausibel und richtig sind, indem sie sie durch Rückbezug auf den Sachzusammenhang prüfen
* entwickeln gemeinsam Fragestellungen und gestalten damit ein Spiel
* präsentieren die Umsetzung ihrer Ideen und ihr selbst erstelltes Material auf geeignete Weise vor der Klasse